时尚女孩的
灵感书

时尚女孩的
灵感书

DK

Original Title: The Fashion Book
Copyright © Dorling Kindersley Limited, 2014
A Penguin Random House Company

北京市版权登记号：图字 01-2020-3437

图书在版编目（Ｃ Ｉ Ｐ）数据

DK时尚女孩的灵感书 / 英国DK公司编著；陈超译. —北京：中国大百科全书出版社，2020.11
书名原文：THE FASHION BOOK
ISBN 978-7-5202-0847-5

Ⅰ．①D… Ⅱ．①英… ②陈… Ⅲ．①服饰美学—青少年读物 Ⅳ．①TS941.11-49

中国版本图书馆CIP数据核字（2020）第190436号

译　　者：陈　超

策 划 人：武　丹
责任编辑：杜　倩
封面设计：袁　欣

DK时尚女孩的灵感书
中国大百科全书出版社出版发行
（北京阜成门北大街17号　邮编：100037）
http://www.ecph.com.cn
新华书店经销
深圳当纳利印刷有限公司印制
开本：889毫米×1194毫米　　1/16　印张：10
2020年11月第1版　　2020年11月第1次印刷
ISBN 978-7-5202-0847-5
定价：98.00元

For the curious
www.dk.com

前　言

时尚势不可挡。当设计师每年发布四季（甚至更多）作品，商店每周推出新款服饰，"最热潮品"榜上的单品换了一批又一批时，你该如何找到自己的穿衣方式？比起盲目效仿、亦步亦趋，你该怎样建立属于你自己的风格？你又该如何紧随时尚潮流，花最少的钱来打造独一无二的个性外表呢？秘诀就是使用服装和饰品来表达个性——你是谁？你想成为什么样的人？坚持个性，如果你愿意的话，适时稍作改变，你就能开创一种真正能称得上属于自己的独特风格。

这本书会让你了解时尚是如何开始的，又是如何发展到今天的。归根结底，大多数设计师不断地

借鉴过去的服饰的轮廓、颜色、图案和面料来创造出今天的新潮流（那些你每天在商店所看到的服饰）。而这正是本书的理念——揭开现代时尚业的神秘面纱，带你认识过去的时尚事物，它们如此出色，即便在今日也毫不逊色（大多数是你不会在时尚杂志上见到的）。这是一本借鉴过去，并在今天可以加以利用、重新造型和设计的时尚之书。它让你知道，你穿戴的衣物饰品设计灵感从何而来（不仅仅指古着旧物——有些已有上千年的历史）。它也让你了解时尚可以多么有趣（有时甚至是彻头彻尾的滑稽搞笑），以及女人为了追赶时尚潮流会疯狂到何种地步。你还可以从时尚界那些最为著名的人物身上寻找灵感，从可可·香奈儿到凯特·莫斯，窥探他们似乎永不过时的漂亮优雅外表背后的秘密。这本书还囊括了其他精彩的内容：时装秀场前排的内幕，未来的流行趋势，那些操纵时尚发展的潮人——设计师、化妆师和模特——的日记。总之，年轻时尚达人在耀眼炫目的时尚圈里想要知道的一切，这里都有。

亚历山德拉·布莱克

 少买，**好好选择，**
自己动手！
——薇薇恩·韦斯特伍德

搭配出
风格！

目录

复古风

派对
时间

3000年前，古希腊出现了世界上第一对耳环。

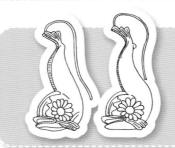

点金术
黄金用来制作耳环（如这对古罗马海豚耳坠）、手镯、臂带、发带甚至大腿带。胸针也是重要的饰物，可以用作裙子的安全别针。

解放双手
为了防止长袍拖在地上，古希腊人将希玛纯长袍的一头甩到肩膀后面，并用别针固定，形成单肩式样，使一边手臂完全露出来，方便劳作或运动。

完美的图案
古希腊人喜欢有花纹的衣服，他们格外喜爱对称的图案。装饰纹样通常染在或绣在衣服的边缘。

10

有些衣服需要用10枚别针来固定以防滑落。

悬垂的艺术
古希腊人和古罗马人借鉴了印度人将织物悬垂披挂在身上的做法，也就是将一块柔软的布料以多种方式裹在身体上。这种方法适合任何体形的人，而且效果都很不错。

室内禁止穿鞋！

夏日的凉鞋
一些古希腊鞋匠会在凉鞋鞋底雕刻花纹或嵌上钉子，因此穿着者走过的路面上会留下图案或印记。

女神的**魅力**

将自己打扮成古希腊神话中爱与美的女神阿佛罗狄忒，这是时尚永恒的形象之一。

这是一种永远不会过时的装扮。尽管是 5000 年前的设计，但单肩垂皱连衣裙依然是一款经典。每年都至少有一位大牌明星身着单肩连衣裙走红毯，她们通常穿的是闪亮华贵的曳地式真丝缎礼服。而休闲的短款棉质单肩连衣裙则是女孩们夏日衣柜里的必备单品，也是狗仔队拍出（或社交媒体上的照片分享）有看点的假日照片的基本保证——穿上它，阳光能肆意亲吻你的肌肤。

裸露手臂上的臂环

丝绸或薄棉质地的布料垂感最佳

短款尽情展现健美的双腿

古代人会穿戴黄金制成的衣饰

搭配要点

♥ **金色的发带**　让头发在阳光下更有光泽，使女神范儿的卷发在炎热的天气里也能保持服帖。

♥ **臂环**　将人们的目光吸引到裸露的手臂上来。古希腊的妇女、战士和王后佩戴蛇形或环形的臂环。

白色　浅褐色　金色　紫色　黄色

♥ 你只需要使用修容粉或腮红　不要像古希腊人那样因涂抹的化妆品过多而在炎热天气下脱妆花妆。

像古人般**时尚**

虽然古埃及、古罗马、古希腊和拜占廷帝国等地中海文明的历史可追溯到至少数千年前，但它们却相当时尚。当时人们穿过的衣服、佩戴的饰品在今天依然非常流行。

剃光的头上
戴着头饰

古埃及主后奈费尔提蒂让褶裥时
为一神时尚

用米糠制成防晒霜（此方法今日仍在使用）

经典符号
喜爱珠宝的拜占廷人佩戴有基督教圣徒形象的十字架吊坠。

魔力指环
古埃及人的首饰上装饰着被认为有特殊力量的猫、兀鹫和甲虫等动物。

> 她（克里奥帕特拉）是一位**超越了美**的女人。
>
> ——迪奥，古罗马

伊丽莎白·泰勒在1963年的电影《埃及艳后》中扮演了克里奥帕特拉的角色，模仿她画了夸张浓重的眼妆。

浓妆艳抹
在古埃及，就连儿童都要描画眼线，这是为了驱走魔鬼（也起到驱虫的作用）。

装饰有黄金和宝石的假发

贴身感
古埃及女性身着亚麻裙，亚麻布织得非常薄，看起来特别透。

染发非常流行，尤其流行染成金色、红色和黑色。

用热的夹钳把头发烫卷

起支撑作用的胸带

内裤的雏形

狮子和蛇代表着力量和繁殖能力

裸露的胸部
＋
腰部的超紧束腰衣
＝
瞬间隆起的上围（她的姿态）

十八禁！

包臀裙

永远精致的发型
米诺斯人总是留着长发，并用油和珠宝来精心打造各种发型。

比基尼的雏形
古罗马女性运动时身着的比基尼式服装远比古希腊女孩穿着的单肩束腰外衣更为实用。

掉别针的，衣服便滑落

布料在上端闭合

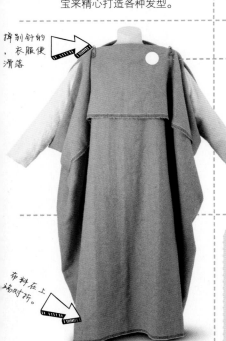

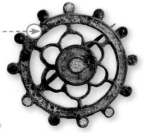

救命的配饰
如果在战争中不幸受伤，别针可以用于别住伤口。

斯巴达妇女因穿着两侧露出大腿的裙子而被称为"行走的闪光灯"。

定制服装
这种古希腊服装叫作佩普洛斯，由染上明艳色彩、条纹或波点的编织布料制成。

未来的时尚
米诺斯的女性身着束腰衣，塑造出沙漏形体形（这种体形直到19世纪才再次流行起来）。

学会喜欢上你的头巾

修女戴的裹住头部和颈部的温帕尔头巾

严重的困扰

在中世纪，有一件事情难以逃避——教会规定已婚女性必须将头发遮住。但换着花样戴头巾倒也不失为一种乐趣。

头巾盖住披散的长发

少女的装扮

高腰裙、紧身上衣和飘逸的长裙风靡一时，这符合教会律例中有关女人应该从头到脚全部盖住的规定，虽然神职人员反对穿着过长的长袍。

袖口非常大

连衣裙的世界

在中世纪，不管男人还是女人都穿连衣裙，连剪裁风格都非常相似。看起来，男人和女人的主要区别在于男人长着胡子，并且男人的束腰外衣有长开叉，可以露出腿来。

腰饰用来突出腰部线条

2

使紧身裤不掉下来所需的吊袜带数量（当时的紧身裤两条裤腿没有连在一起）。

弹力紧身裤

当时没有暖气，因此紧身裤是室内和室外都必不可少的服装。它们由羊毛或只有富人才能负担得起的丝绸制成。

露出你的腿（如果你是男人？）

尖头鞋

中世纪的鞋匠似乎根本不在意脚原本的形状，他们先是做出了有着宽大方头的鞋，接着又设计出了头特别尖的鞋子。

长长的尖头

用皮革制成

中世纪的
未婚女性

中世纪的衣着并不像你想的那么单调。黑暗时代的时尚达人也设计出了一些非常具有现代风格的着装。

如果你有钱，追逐时尚对你来说就不是难事。而在中世纪的欧洲，时尚刚刚掀起波澜，新的面料、颜色和款式不断涌现。阿基坦的埃莉诺是主要的时尚先锋之一，随着她嫁给英国国王亨利二世，她将修身的法国时装引入英国。几乎也是埃莉诺教会了英国王室如何穿得更时尚，以及如何享乐。来为你的衣橱增加一些有趣的中世纪元素吧，比如束腰、宽大的袖子和长裙。

发带能使长发服贴

V领衣服上的系带

袖子在手腕处散开

细瘦的鞋型

搭配要点

✔ **紧身裤或连裤袜**　穿着中世纪束腰外衣风格的迷你裙时，作为下身打底穿着，如果它们的颜色与裙子一致，可以使你整体看起来更苗条。

✔ **束腰外衣式连衣裙**　不必像中世纪那样将带子系得很紧，但裙子长度要在膝盖以上，才能获得视觉平衡感。

靛蓝　　紫色　　黄色　　黑色　　白色

✔ **细皮绳**　缠绕在腰间或臀部会为束腰连衣裙或上衣勾勒出更明显的轮廓（中世纪的人们将钥匙拴在皮绳上）。

贵族

如果你应对得了中世纪身披铠甲的骑士、不幸的少女和致命的瘟疫，你还要面对教会对时尚的那些教条规定，更不用说那些穿着长筒袜的男人了。

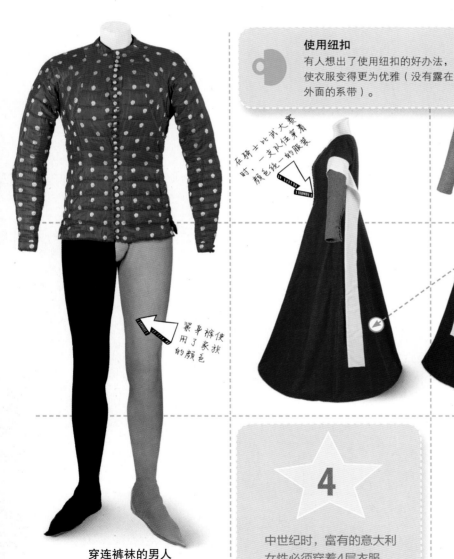

使用纽扣
有人想出了使用纽扣的好办法，使衣服变得更为优雅（没有露在外面的系带）。

在骑士比武大赛期时，一支队伍统一的服装颜色

紧身裤使用了家族的颜色

双色非常时髦

穿连裤袜的男人
中世纪的裁缝研究出将两条长筒袜连接起来缝制成连裤袜的方法——男人喜欢这样穿。

4

中世纪时，富有的意大利女性必须穿着4层衣服。

非礼勿听
教会宣称圣母玛利亚通过耳朵而怀孕，因此建议女人盖住她们的双耳。

> ## 我希望你**不要**当第一个穿**新款**服饰的人。
>
> ——1371年，一位骑士给女儿的建议

冬季穿着有毛皮边饰和毛皮衬里的衣服

低领口和平胸

宝贝，宝贝
装扮成孕妇的样子也是一种时髦。瘟疫夺去了很多人的生命，因此婴儿就显得格外宝贵。

会说话的衣服
美丽的布料非常昂贵——在中世纪的意大利，父亲为女儿选择的衣物彰显了家庭的财富。

耸起的高度
不切实际的锥形帽是为了让你看起来更高（超模的样子很时尚）。

标新立异
网罩头饰是一种遵从教会规定将头发遮住的装扮方法。

遮羞
头纱象征着纯洁的心灵，因此，如果有人将你的头纱拉下，则是对你莫大的侮辱。

平衡的艺术
层数很多的衣服异常沉重，所以你必须学会如何穿着它们走路而不摔倒。

丝绸的故事

那些被缝成王后舞会礼服和织成国王袜子的富有光泽的纤维来自小小的虫子。

中国古代**传说**中，黄帝的正妃西陵氏（嫘祖）某日不小心将一只蚕茧丢入自己的茶杯里，她想要将其取出，却惊讶地发现勾出了一条长长的丝线。在2000多年里，中国人保守着制丝工艺的秘密，将丝织物卖到中东地区和欧洲。中世纪时，丝绸在中东和欧洲成了奢侈品——其价格甚至一度比黄金还要高。

16世纪，生活在亚洲以外的大多数人贴身穿着的都是粗羊毛或亚麻的衣物，无怪乎人们会为柔软闪亮的丝绸疯狂。当英国女王伊丽莎白一世第一次穿上丝制长筒袜时，就毫无掩饰地称赞它们"太舒适、太精致了，以后我不再穿其他面料的袜子了"。

永远在变化

虽然18世纪的流行趋势比今天的更新速度慢得多，但在1770~1789年，每6个月就会出现新的丝绸图案，这使人们很难跟上时尚潮流。

40

皇室的服装层数

9~10世纪，古代日本皇室地位高的女性穿着的礼服由多达40层的丝绸制成，贴身的一层不是白色就是红色。

富人的装饰

16世纪时，根据法律，只有皇室和高级贵族才能穿着丝绸。虽然后来这条法律被废止了，但也只有非常有钱的人才能买得起丝绸。就算你买不起丝绸衣服，至少你可以买一条丝带。

穿连裤袜的男人

在17世纪，售卖丝制连裤袜可算得上是大生意——主要顾客是那些喜爱穿短裤搭配闪闪发亮的丝制连裤袜，以炫耀自己小腿曲线的男人。这种潮流持续了200年。

"丝绸货币"

在古代的中国和日本，丝绸非常昂贵，可用于缴纳赋税。

吸睛的脚踝设计

当高跟鞋成为男女通杀的新潮流时，长筒袜变得更为重要。上面的图案和刺绣各有特色（尤其是脚踝处）。为了露出长筒袜和高跟鞋，女性的裙摆也变得更短了。

不准用丝绸！
古罗马政府试图禁止人们穿戴丝绸。他们认为女性购买丝绸挥霍无度，且丝绸衣服过于薄透，有伤风化。

和服大赛
在17世纪的日本，富商的妻子们曾举办时装比赛，来评选谁的丝绸和服更美丽耀眼，直到幕府将军出面制止比赛。

新色彩
丝绸如此受欢迎的其中一个原因在于，比起其他天然布料来说，它们更易被着色。19世纪，紫红色、品红色和猩红色丝绸首次出现。

奇特的配饰
这或许是最诡异的丝制品之一：2012年，伦敦维多利亚和艾伯特博物馆展出了一件刺绣斗篷和一条4米长的围巾，它们是由100多万只金丝织网蜘蛛的蛛丝制成的。

丝绸的声音
塔夫绸是一种硬挺的丝绸，穿着塔夫绸衣服活动时会发出"沙沙"的声音，很容易成为目光焦点，因此它变得流行起来。20世纪80年代，戴安娜王妃结婚时身着塔夫绸礼服又重新掀起了一股塔夫绸风潮。

令人惊艳的服装
17世纪，意大利的丝绸织工开发出一种闪亮的真丝缎，由此产生了新的服装风格——更多使用更能显出织物质地的浅颜色。

万能的蛛丝
蛛丝还有更多的用法：古希腊人用它来缝合伤口，澳大利亚土著用它来制作渔网。这是因为蛛丝是最强韧的天然材料之一。

惊人的长度
蚕茧缫成的丝最长可达900米——是标准跑道内圈周长的两倍多。

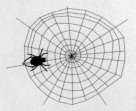

蜘蛛侠
1709年，雄心勃勃的法国人弗朗索瓦·格扎维埃·邦·德·圣伊莱尔用蛛丝织成了手套和长筒袜，并将它们献给了国王路易十四。

桑蚕是丝的主要来源

成为
伊丽莎白一世

即使皮肤上长有疤痕，嘴里长有龋齿，英国女王伊丽莎白一世依然是一位时尚教主。

1562 年，仅仅在加冕成为女王后 4 年，25 岁的伊丽莎白就患上了天花，并最终在脸上留下了疤痕。为了遮盖疤痕，她在脸上涂上厚厚的白色粉底，苍白的皮肤成了她标志性的形象。由于伊丽莎白一世的巨大影响力，王室贵族女性纷纷效仿她的装扮，甚至当伊丽莎白的牙齿腐坏后，她们把涂黑牙齿也当成一种时尚。

伊丽莎白知道自己并不美丽，并因此颁布法令禁止在民众中散播不利于她个人形象的画像，但她通过自己的着装树立了威严的形象。她的标志性色彩是黑色和白色，她认为这两种颜色使自己看起来更纯洁。为了强化这点，她选择了象征着纯洁的珍珠，并穿着带拉夫领的衣服，使脸部周围出现光晕效果。

传说她有80多顶假发

画像中的形象总是看起来很庄严，毫无瑕疵，格外漂亮

拥有2000副手套

她很自豪自己有双小脚

颈部的蕾丝拉夫领

臀部系着藏在裙下的臀垫

缀有珍珠的天鹅绒礼服

低声耳语时，用扇子遮掩嘴唇

丝绸上绘有真实或虚构的动物形象

为女王最喜爱的骑马运动准备的马靴

只有皇室和贵族才能穿红色

有毒的伊丽莎白时代

女王和她盲目的追随者们没有意识到的是，深受她们青睐的化妆品正使她们慢慢走向死亡。她们在脸上涂抹的粉底含有有毒的铅，染发使用的硫黄粉会使人恶心、头痛和流鼻血。

愿望清单

✔ **大宝石吊坠**　伊丽莎白一世喜爱佩戴吊坠项链，使脖子看起来更修长。她还喜爱珍珠串成的项链，并喜欢佩戴戒指。

✔ **蕾丝领**　伊丽莎白一世巨大的拉夫领由手工制成，价值不菲。

✔ **拇指戒指**　在过去和现在都很时髦。在很多肖像画中，伊丽莎白一世都戴着拇指戒指（如左图）。她的其中一枚戒指中藏着她的母亲安妮·博林的照片。

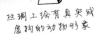

在**文艺复兴**时期掀起**风潮**

为了在15世纪和16世纪的文艺复兴时期过上最好的生活，你必须忘掉洗澡这回事儿，还得忽略跳蚤的存在，要学着欣赏可笑的帽子和领子，并遵守禁奢法——规定了谁能（或不能）穿奢华的新款丝绸和天鹅绒服饰。

袖筒上的开口露出了下层的衣服

内衣
+
V领礼服
+
袖子
=
混搭

灵活的衣橱

一件式的束腰外衣被分体式的衣服所取代，你可以搭配出新组合。

实用的服装

当时的医生认为洗澡有害健康。当腋下被汗水浸湿时，你可以更换可拆卸的袖子。

袖子变脏后，只需要解开绳子

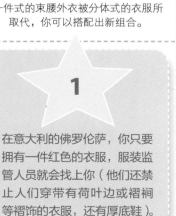

1

在意大利的佛罗伦萨，你只要拥有一件红色的衣服，服装监管人员就会找上你（他们还禁止人们穿带有荷叶边或褶裥等褶饰的衣服，还有厚底鞋）。

超紧身的长筒袜凸显出肌肉的轮廓

造假的男人

男人们喜欢夸大自己的身体，他们利用填充物，使大腿、胸部、腹部和"罪恶之源"显得更饱满。

系在这里的撑裙环使女士的裙裾曲线变平滑

撑开的裙子

女人们在裙子下面穿着巨大的裙箍（被称为法勒盖尔裙撑）。因此，一种更宽大的椅子被设计出来。

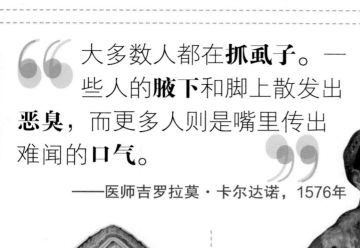

> 大多数人都在**抓虱子**。一些人的**腋下**和脚上散发出**恶臭**，而更多人则是嘴里传出难闻的**口气**。
>
> ——医师吉罗拉莫·卡尔达诺，1576年

头发数周或数月不洗

可怕的卫生习惯
人们认为穿着毛皮可以把跳蚤和虱子从自己身上引开。但他们清洁毛皮的方法是脱下来简单地抖一抖。

毛皮镶边大衣=我的身上没有跳蚤

佩戴珠串、身着锦缎的女儿

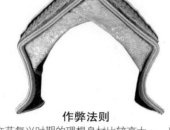

作弊法则
文艺复兴时期的理想身材比较高大——用金属丝作为支撑制成的尖顶头饰能为身高增加宝贵的一分。

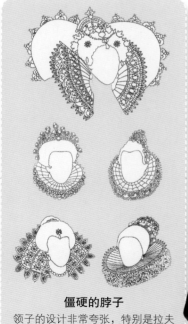

僵硬的脖子
领子的设计非常夸张，特别是拉夫领，穿着如此大的领子使吃饭变得很困难（还会弄得一团糟）。

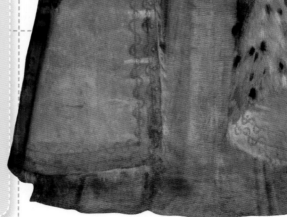

这件1753年的服
装使用了14种
颜色的丝线和
4种银丝编织
而成——别问
价钱!

袖子末端必
须有3层褶饰

这件曼图亚风格的礼
服需要将近一年的时
间才能制作完成

别走得太快（也别在大风
里行走），否则裙摆下的
裙撑会不受控制地摆动

裙子由一副巨大的金属裙箍支撑着

> 66 这些天王宫里拥挤得可怕。我们穿着**正装礼服**，笨拙地撞在一起，进门需要**侧身而行**。最让人抓狂的是**上厕所**。首先，你得求得王室的许可。然后，你得把布尔达卢（一个像**西餐酱汁斗**的容器）塞到裙子下面。怪不得我们**整日**都在祈祷**新的法国时装**早日来到英国。 99

——一位身着曼图亚礼服的女士，1753 年

历史上最宽的裙摆有1.8米宽，相当于一张大双人床的宽度

布尔达卢

裙子里面穿什么？

几千年来，女性不断地试着改变自己身体的曲线，使自己拥有最时尚的体形——时尚速朽变化快，追赶潮流并不易。

18世纪

美丽的身体

18世纪初，昂贵的刺绣紧身上衣并不是穿在衣服里面，而是作为衣服的一部分露在外面。

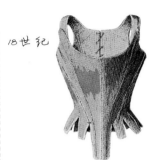

18世纪

小心擦伤

18世纪，大多数束腰衣用鲸骨作支撑，但有的是用实木或金属棒制成胸衣前部中央下部的尖端。

18世纪

锯齿状边缘

束腰衣下端有硬舌片用来防止衬裙团在一起。

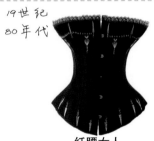

19世纪80年代

纤腰女人

勒得很细的腰部使胸部和臀部看起来更丰满，塑造出符合19世纪80年代审美的沙漏形身材。

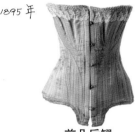

1895年

前凸后翘

为了塑造出1895年流行的S体形，束腰衣前面又长又直，迫使腹部收紧，臀部后翘。

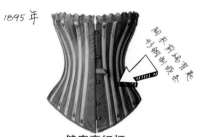

1895年

胸衣前面有长长的钢制脊柱

健康亮红灯

束腰衣下端呈扇形张开，中间挤压着胃部，医生说长时间穿着这样的胸衣会使人生病。

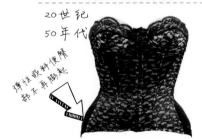

20世纪50年代

弹性布料使胸前不再膨起

无肩带的奇迹

20世纪50年代的束腹胸衣采用了弹性技术，并有着尖尖的罩杯（尖尖的胸罩当时也很流行）。

20世纪50年代

魔法愿望

束腹带的发明者承诺使你"摆脱你的缺点"，帮你去除每一块"丑陋"的赘肉。

20世纪60年代

花的魔力

在和平友爱的20世纪60年代，花朵图案成为主流，甚至连束腹带上都带有花朵图案。

"时尚界永远没有舒适。"

——全美超级模特新秀大赛艺术总监
杰伊·曼纽尔

1825 年

在别人协助
下才能持带
子束紧

1875 年

不健康的苗条

19世纪早期的长款束腰衣注重将胸
部托起，而将胸部以下的曲线全部
压平。

系带练习

如果你没有仆人，那你肯定想要
在前面系带的束腰衣，而不是背
面系带的。

**20世纪
40年代**

衬裙虽然流行起
来，但穿戴更麻烦

红粉佳人

到20世纪40年代，女性穿着的束腹带
开始有可以固定长筒袜的吊袜腰带。

**20世纪
90年代**

内衣秀

20世纪90年代，束腰衣卷土重来，这
一次，它的目的只是让人欣赏。

轮回

束腰衣和荷叶边衬裙重回时尚
前沿，但现在它们不再是内衣，
而是时尚舞台上的主角。

我这一年：

实习设计师

巴尔布拉·克拉辛斯基正在完成毕业设计作业，并将在著名的伦敦时装学院T台服装秀上进行展示。对一个宁可"缝到深夜，也不去泡吧"的女孩来说，这确实是一个很好的挑战。

巴尔布拉·克拉辛斯基

伦敦时装学院
艺术硕士研究生
女性时装设计技术专业

一月

我正在收集纱线、编织线用来制作布料，并在我的浴缸里手工染色！

二月

初稿的重点是线条和比例，我的作品主题是"宗族"，每一件衣服都是独立的。

六月

因为我用的布料太贵了，所以我用棉布试做样衣，这种布被称为立体剪裁用坯布。

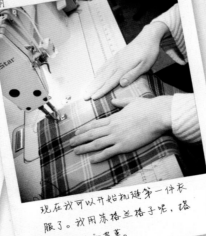

十月

现在我可以开始机缝第一件衣服了。我用苏格兰格子呢，搭配马海毛和皮革。

十一月

对于像褶边和褶裥这样的小细节，手工缝制是非常必要的。这个过程让人很放松。

> 我的血统和背景赋予了我**灵感**。我为我是**苏格兰人**和**波兰人**的后裔而骄傲，而这二者正是我作品的出发点。

—— 巴尔布拉·克拉辛斯基

我正将草图上传到电脑里，生成数据更准确的技术图纸。

四月

我与导师讨论色样和草图的"样册"，共同选择设计的关键部分。

五月

接下来是样衣剪裁。服装的每一部分都必须绘制在纸样上，再进行剪裁。

十二月

时装秀当日6点就要开始工作！我的秀排在第一个，所以我的作品必须井井有条。

为了完成整体造型，我定制了马海毛饰边的鞋子，制作了手袋。

这就是伦敦时装周，模特正穿着我的作品走秀。多彩、苏格兰风，还有一点点疯狂！

成为
玛丽·安托瓦内特

头发用毛团垫高，
抹上油脂加以固定

如果能有一大笔钱用来购物，一周能买 4 双新鞋，谁不想成为法国王后玛丽·安托瓦内特呢？

1793 年，因为在法国人民饱受饥荒摧残的时候还在奢侈无度地消费，**玛丽·安托瓦内特被判处死刑**，没有任何人愿意得到这种下场。而在此之前，她是欧洲最时髦的女人，享受着令人艳羡的生活。人人效仿玛丽·安托瓦内特的穿着，甚至那些看起来极其可笑的装束也不例外。高发髻假发头饰就是她引领起来的时尚装扮之一，这种巨大的头饰上饰有小雕像、羽毛和珠宝。有些高发髻假发非常高，以至于佩戴它的人不得不坐在床上睡觉。

紧中国宫廷引领的
袖子流行起来

作为王后，玛丽·安托瓦内特每天需要更换至少 3 次服装，而很多整套的服饰她只穿过一次就不再穿了。每个季节结束的时候，她只留下几套喜爱的礼服，即使这样，她的衣服还是塞满了凡尔赛宫 3 个巨大的房间。

超宽的裙撑，从侧
面看则相对单薄

甜蜜的补救

据说，由于缺乏良好的卫生设施，华丽的凡尔赛宫内弥漫着臭气。解决办法就是在身上喷大量香水，并戴上有香味的手套。玛丽·安托瓦内特每周要定制 18 副手套。

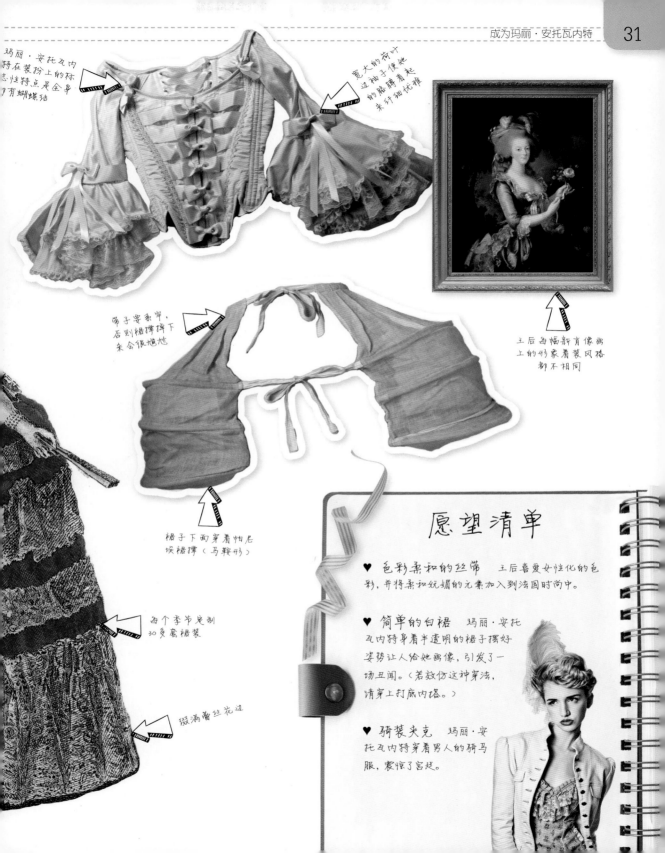

玛丽·安托瓦内特在装扮上的标志性特点是全身都有蝴蝶结

宽大的荷叶边袖子使她的胳膊看起来纤细优雅

带子要系牢，否则裙撑掉下来会很尴尬

王后每幅新肖像画上的形象着装风格都不相同

裙子下面穿着帕尼埃裙撑（马鞍形）

每个季节定制30多套裙装

缀满蕾丝花边

愿望清单

♥ **色彩柔和的丝带** 王后喜爱女性化的色彩，并将柔和妩媚的元素加入到法国时尚中。

♥ **简单的白裙** 玛丽·安托瓦内特身着半透明的裙子摆好姿势让人给她画像，引发了一场丑闻。（若效仿这种穿法，请穿上打底内搭。）

♥ **骑装夹克** 玛丽·安托瓦内特穿着男人的骑马服，震惊了宫廷。

疯狂的造型

在18世纪70年代，如果你热衷时尚，喜爱享乐，那你一定要去巴黎和伦敦（最好兜里带够钱）。在这些时尚中心，时尚先锋们想出了各种富有创意的造型，例如可改变的连衣裙和高耸的发型，有些人的想法近乎疯狂。

放下裙摆
＝摆好姿势

提起裙摆
＝适合行走

哎哟！
漂亮的胸衣是用别针别在裙子上的，因此活动时要格外小心，以免扎到自己。

宫廷中眉毛不够完美的女性会粘上用老鼠毛做的假眉毛。

混搭
法式长袍礼服可以通过改变前襟、衬裙、袖子和裙子的形状来帮你变装。

夸张的造型
遇到下雨或刮风，人们会用一种可折叠的巨大无边帽来保护高耸的发髻头饰。

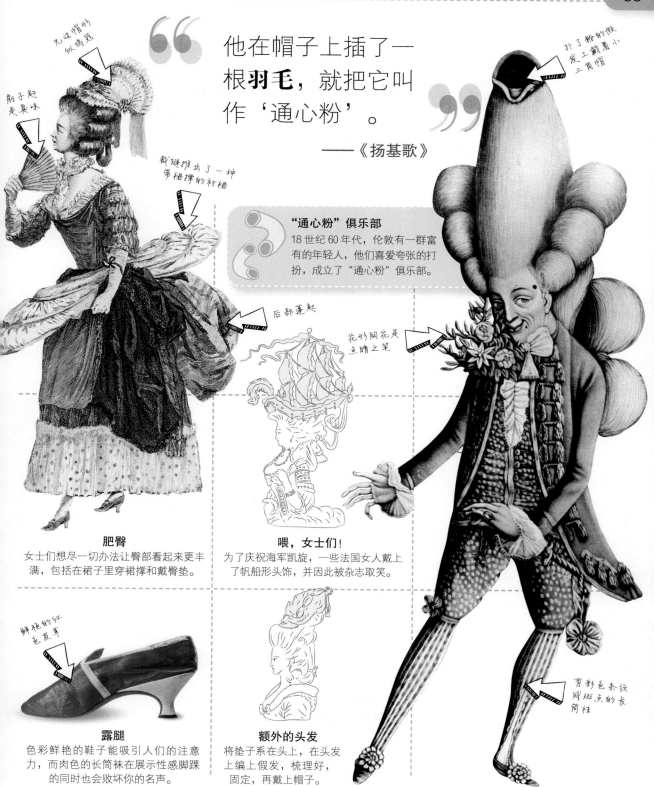

"他在帽子上插了一根**羽毛**，就把它叫作'通心粉'。"

——《扬基歌》

无边帽形似鸡冠

扇子好老真味

戴着推出了一种带裙撑的衬裙

扑了粉的假发上戴着小三角帽

"通心粉"俱乐部
18世纪60年代，伦敦有一群富有的年轻人，他们喜爱夸张的打扮，成立了"通心粉"俱乐部。

后部蓬起

花形胸花是点睛之笔

肥臀
女士们想尽一切办法让臀部看起来更丰满，包括在裙子里穿裙撑和戴臀垫。

喂，女士们！
为了庆祝海军凯旋，一些法国女人戴上了帆船形头饰，并因此被杂志取笑。

鲜艳的红色皮革

有彩色条纹或斑点的长筒袜

露腿
色彩鲜艳的鞋子能吸引人们的注意力，而肉色的长筒袜在展示性感脚踝的同时也会败坏你的名声。

额外的头发
将垫子系在头上，在头发上编上假发，梳理好，固定，再戴上帽子。

实用美观的插梳

修饰面部
这个浪漫主义风格的女人想让别人注意到她迷人的眼睛和玫瑰花蕾般的双唇。因此，她把头发梳起来，并在适当的位置饰以花朵、宝石发夹、丝带或珍珠链。

80

1800年，遮阳伞的理想长度是80厘米

遮阳首选
晒黑了就不美了，因此浪漫主义风格的女性最好佩戴轻薄的头纱或撑一把遮阳伞。而遮阳伞还是与潜在的追求者调情的工具。

叠搭
因为浪漫主义风格的女性穿着的平纹细棉布等布料很单薄，裙装的袖子也很短，所以她们习惯了受冻。加一件短外套或羊毛披肩可以御寒，而不破坏着装整体的线条感。

个人风格
由于服装外形非常简洁，面料也常常朴素无华，所以需要加上一些装饰品来增色点睛。荷叶边、小蕾丝领和漂亮的丝带都能彰显个性。

还有什么能比蕾丝褶饰更浪漫的呢？

尖尖的鞋头上装饰着朝上装饰着玫瑰或流苏

注意事项
简·奥斯汀生活的时代规定女性白天只能穿黑色的平底船鞋，但（和今天一样）很多女孩无视这条规定，去哪里都穿着她们漂亮的鞋子。

发箍能帮你打造优雅的发型

露在外面的皮肤要涂抹防晒霜

高腰线

荷叶边短裙让腿看起来更修长

大小刚够容纳必备品的钉珠手袋

布或软皮革制成的充满女人味的平底靴鞋

现代
浪漫主义

从 19 世纪早期女性优雅精致的时尚秘诀中发掘属于你的内在魅力。

现代浪漫主义**甜美，却不病态**，追逐时尚，而不太在意实用。200年前简·奥斯汀小说里的女主人公大概是浪漫主义女性的典型：喜爱购物、跳舞、谈论男孩，但又机智、思想独立并有点神秘。秉承着这种态度，她们穿浅色或带小碎花图案的裙子，热衷寻找最漂亮的配饰，一本诗集也是不错的选择。

搭配要点

♥ **浪漫的花朵**　在浪漫主义时代，玫瑰、牡丹、百合和紫罗兰都非常适合作为头饰。

♥ **珠宝镶嵌的发箍**　在奥斯汀生活的时代，女性不戴帽子出门需要非常大的勇气；而今天，发箍同样会让你看起来迷人。

白色	象牙色	水仙黄色	苹果绿	粉色

♥ **短款开襟毛衣**　提高腰线，让你的腿更显修长。

新颖的服饰

1795 ~ 1825 年，时尚的规则不再让人喘不过气来，女人可以和带裙撑的衬裙及束腰衣说再见了。但是，正如简·奥斯汀和她小说里的人物所发现的那样，她们面临着一系列"应该穿什么"的难题。

流行的涤纶——由有毒的砷制成！

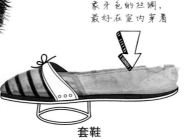

羽毛被染成了与服装相配的颜色

与手笼相配的毛皮帽子

变化无常的时尚
奥斯汀写道："我改变了主意……在帽子上加上了装饰物。"这正符合当时的潮流。

帽饰
无边帽是实用的头饰。奥斯汀和一位朋友说："它们（无边帽）将我从美发的痛苦中拯救出来。"

象牙色的丝绸，最好在室内穿着

刺绣丝绸

套鞋
为了在下雨天保护精致的鞋子，女士会穿着木头或金属制成的套鞋，就像松糕鞋一样。

相同的室内便鞋
鞋型呈直筒状，不分左右脚，两只脚都能穿。

冬季的衣橱
在奥斯汀生活的时代，冬天你需要拥有一件超大的毛皮手笼才算得上时髦。有些女士甚至把小宠物放在里面。

聪明的购物
棉布比丝绸便宜得多，使人们更容易紧跟潮流。但奥斯汀拿不准用什么面料来做一件新的礼服，她希望"能够直接买到现成的礼服来穿"。

> 到时候她该穿**什么礼服**，戴什么头饰，成了她**最关心的事情。**
>
> ——《诺桑觉寺》中凯瑟琳的台词

在奥斯汀写的《爱玛》中，披肩是不断变化的

带有流苏的高腰连衣裙

得体的着装
白色在夜晚格外出挑，就像《曼斯菲尔德庄园》中范妮所发现的那样，柔和的色调也很流行。

晚礼服的袖子通常很短

低领口

佩戴珠宝的规则
只有在晚宴上才佩戴珍贵的宝石——在白天佩戴会被认为过于庸俗。

在电影《傲慢与偏见》中，伊丽莎白佩戴的是珍珠

全套珍珠首饰
珠宝首饰通常是成套的，但将它们同时戴在身上是没有教养的做法。

舞会前的准备
因为礼服全部由手工制成，所以去舞会时穿什么需要早早计划好。

追求时髦的少女在寒冷的天气里也穿着薄薄的平纹细布制成的衣服，一种俗称"布衣病"的流行性感冒因此爆发。

靠衣服数量取胜

对于 16 ~ 19 世纪那些富有的女人来说，想要快速穿好衣服是不可能的。每一套服装都有 8 ~ 10 层。

① 宽松的内衣或后来出现的及膝衬裤，外加一件无袖宽松内衣，能防止外衣有汗水和体味。

② 长筒袜，长度刚到膝盖以上，以搭扣或系带吊袜带提拉固定，19世纪时是用带铜制细弹簧的吊袜带固定的。

③ 口袋系在腰间，可用来随身携带贵重物品而不被人看到。

④ 束腰衣或紧身马甲使人收腹挺胸。17~18世纪的大多数女性似乎都穿着这种衣服。

⑤ 束腰衣外罩或背心将有着重重缝线、一排排的鲸骨和大量系带的坚硬的束腰衣隐藏起来。

⑥ 裙衬，如克里诺林裙衬，或系在两腰或臀部的垫子，塑造出当下最流行的裙形。

⑦ 先把衬裙放在地板上，让女士迈进中间的洞里，侍女协助她提起衬裙并将其系在腰间。

⑧ 礼服
是整套装扮中最贵重的部分。礼服的面料昂贵，并且全部都由手工缝制而成，因此打理起来要花费大量的精力。

⑨ 领子和袖子是最容易脏的部分，为便于清洗，它们是可以拆下来的。

⑩ 短外套或斗篷
上通常有毛皮滚边，只有在户外探险时才用得上它们。

一天9件

一位衣着考究的女士一天需要换9套不同的服装，以出入闺房、舞厅等场所，每套都有专门与之相配的首饰。

① 裹袍，一种在闺房吃早餐时穿着的华丽的衣服。

② 女士便服，白天在家穿着的朴素的长袖高领裙装。

③ 外出服，长度比室内穿着的裙子短，面料更为厚重。

④ 见客服，比女士便服和散步服装更精致，通常带有裙裾。

⑤ 家居便服，舒适，由耐洗面料制成。

⑧ 晚宴服，低领口，有袖子，比日礼服更漂亮，颜色更浅。

⑨ 舞会礼服，最精致的服装，低胸，袖子很短，收腰，大裙摆，饰有丝带、蕾丝或花朵。

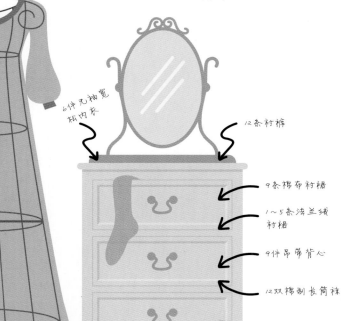

6件无袖宽松内衣

12条衬裤

9条棉布衬裙

1~5条法兰绒衬裙

9件吊带背心

12双棉制长筒袜

3双丝制长筒袜

24条手帕

⑥ 茶会礼服，喝下午茶时穿着，只能在室内穿着。

⑦ 女士骑装，由一件男款短外套配以半裙组成。

再加上巴斯尔裙撑衬垫，一副裙笼或裙撑，腰帽，吊袜带，蕾丝领，分别在白天和晚上戴的手套，更不用提鞋子、钱包、帽子、遮阳伞、腰带和发饰……

"

现在是**夏天社交季**的高峰，对夫人来说，今天**又是忙碌的一天**。她最近发现自己长出了一些**白发**，我昨天把**五倍子放在橄榄油里煮**，做出**黑色染发剂**以备今天早上用，一直忙到半夜。

早上**7点**，我叫醒夫人，为她漂染、清洗、擦干头发，再做成时下**流行的发型**，这些事情花了整整两个小时。夫人**吃早餐**时，我将她白天进行各种活动要穿的衣服整理出来。

夫人每天要**穿衣**、**脱衣**、**再穿衣**好几次，中间就**没有时间停下来**准备了。

在**整个着装**间隙，我必须仔细检查每件衣服，缝补、清洗它们或**清除上面的污渍**。由于她身着礼服行动不便，我一直在忙着把土豆擦碎，用来擦去她丝绸礼服上难看的油渍。

最后，夫人**从舞会回来**，换上她的睡袍，我在她脸上厚厚地抹上**自制的防皱霜**（将洋葱汁和白百合混合，经过长时间**熬煮**、**搅拌和研磨**制成）。之后我和夫人道过晚安，又赶紧去**缝补**她明天要穿的长筒袜。

"

——一位女仆，1810年

5 5小时——一位合格的时髦绅士打扮所需要的时间

丝绸礼帽

当第一顶闪亮的丝绸高顶大礼帽在伦敦亮相之后，出现了奇特的景象：女人晕倒，狗吠不止。戴着它的男人因为险些引发骚乱而被逮捕。

时髦绅士总要穿着马甲

大功告成

时髦绅士着装最重要的法则之一是穿一件合身的马甲。马甲的颜色要比外套的颜色浅，从而打造出修长苗条的腰部曲线。

骄傲的"孔雀"

时髦绅士们昂首阔步走在城市的人行道上时，为了打造令人印象深刻的形象、吸引众人的眼球，他们穿着剪裁精细的外套，并将前襟敞开，露出里面价值不菲的内搭。

宽领外套强勾勒出整体轮廓

"永远记住一点，你的着装是为了取悦别人，而非自己。"
——爱德华·布尔沃-利顿勋爵，1828年

裤装新时尚

以前的男子通常都穿着齐膝马裤和长筒袜。而现在绅士们的新风尚是穿腰部、臀部剪裁合体且长度刚好覆盖鞋面的长裤。

不要太多的颜色，时髦绅士身上的颜色不要超过4种

白天在公园骑马穿的靴子

理想的鞋型长而窄

穿鞋的礼仪

马靴很流行，但穿着它们去舞会就很失礼了。鞋子总要擦亮，但又不能太亮——建议用香槟酒擦鞋来获得合适的光泽度。

高顶大礼帽
是点睛之笔

穿一件彰显
个性的外套

高腰牛仔
裤使腿部
显得修长

漆皮牛津鞋，
必须一尘不染

时髦 小姐

从时尚史上最时髦的男人身上借鉴一些小秘诀
来打造一个跨越性别界限的新形象。

在今天来说，女性着装中加入男装元素，甚至穿整套男装
都不奇怪，但在 200 年前，男人和女人可以交流想法，却
不能换衣服穿。在女人为穿什么衣服而苦恼的同时，男人
花费在着装上的心思丝毫不比女人少，而且并不觉得不好
意思。这些比女人更注重着装的时髦绅士穿着讲究得体，
甚至有些过于讲究，他们是今天女性着装的优秀榜样。

搭配要点

★ 穿丝绸围巾或领带　将它们高高地系在脖
子上，时刻提醒自己要抬头。这是让你立刻有时
尚先生范儿的一件配饰。

★ 整洁的高跟靴子　让你走起路来更有自
信，使你的整体形象更加光鲜。

★ 经典款男士大表盘手表　时髦绅士怀表
的现代版本（戴上它，连迟到都变得时尚起来）。

黑色	品蓝	白色	紫红色	棕色

时髦绅士的鞋子必
须保持一尘不染

跨越性别

19 世纪早期，人们的着装发生了一些意想不到的变化。当男人和女人开始交流关于穿着的想法时，他们穿得越来越相像了。

没有人能将领巾系得完美无缺

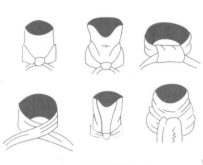

游戏规则

领巾必须是白色的，而且半浆过，衬衫也要洁白无瑕，马甲为黑色、米色或白色。

领结热潮

一本流行指南中介绍了 30 多种男士领结系法的详细步骤。

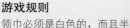

绣饰只能出现在马甲上，其他地方不能有绣饰

女性只有在运动时才系领结

衣柜的颠覆

为了骑马，女性将男士衣柜里的高顶大礼帽、领结和常礼服穿到了自己身上。

随着腿的长度，保持靴子干净

时髦绅士的鼻祖

时尚领袖博·布鲁梅尔每天早晨打扮好之后都会邀请朋友来看。

美丽的丝绸动头，纱随风飘动，很撩人

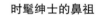

一次，博·布鲁梅尔问英国国王乔治四世的同伴："你最胖的朋友是谁？"国王意识到他是在说自己鼓鼓的肚子，于是开始穿束腰衣，而不穿时的腰围有 130 厘米。

不合体的束腰衣会让你的裙子看起来非常不自然。

——一本19世纪的流行指南

男款怀表扣表链

男女皆宜
男人在双排扣长礼服大衣中加上垫肩，穿起束腰衣，打造出像女装一样的轮廓。

增强
女装则借鉴了男性风格的剪裁、编织穗带装饰和盘花纽扣。

手杖是在撇布遭险上行走时随手的武器

蕾丝的故事

还有什么比蕾丝更浪漫的呢？不管是舞会皇后童话般的裙子还是公主的婚纱，都会用到这种材料。但是很久以前……

王子喜爱穿蕾丝。中世纪时，能买得起蕾丝的男人几乎全身都装饰着蕾丝。骑士甚至用蕾丝领子来装饰盔甲，而在中筒靴的靴筒上加上蕾丝花边也非常流行。

今天女性穿着蕾丝是在效仿多年前的男性。而最终男性不再使用蕾丝，这或许是因为女人开始穿完全由蕾丝制成的裙子，并将蕾丝应用到头饰、鞋子、睡裙、扇子和手套上。1840 年，年轻的英国女王维多利亚身穿蕾丝婚纱结婚，一时间，所有新娘都想在婚礼上穿蕾丝婚纱——而这一趋势从未真正过时。

完美的礼物
带蕾丝花边的手帕是很珍贵的礼物。1594年，法国国王亨利四世送给他的情妇两条蕾丝花边手帕，在她死后，又将手帕拿了回来。

靴筒边饰
当蕾丝拉夫领不再流行后，男人开始用蕾丝荷叶边来装饰他们的靴子。法国国王路易八世的一位朝臣也是他的朋友，就有300双这样的靴子。

木乃伊的花边
世界上最古老的一块花边是在被埋葬的一具古埃及木乃伊旁发现的。

清洁牙齿
中世纪的有钱人会用一块带蕾丝花边的布来擦洗牙齿——至于牙刷，那是后来的事儿了。

过去
在1809年第一台蕾丝织机问世以前，手工编织一块邮票大小的蕾丝需要3~4天的时间。

第一堂蕾丝课
世界上最好的蕾丝来自法国阿朗松。你需要学习8年才能做出阿朗松蕾丝。

用勺吃
16世纪，法国宫廷贵族所穿的蕾丝拉夫领非常巨大，据说玛尔戈王后曾使用60厘米长的勺子来喝汤。

可以唱歌，不能说话
19世纪，蕾丝车间禁止工人互相聊天，以防止他们在工作时分心，但准许他们唱一些与蕾丝制造有关的歌曲来提升工作效率。

积雪
第二次世界大战期间，美军士兵想出了将白色蕾丝覆盖在头盔上来充当雪地伪装的点子。

藏起来的蕾丝
1662年，英国禁止进口蕾丝。但时尚人士太想用蕾丝了，他们想出了各种方法走私蕾丝：藏在装尸体的棺材内，夹在烤好的馅饼里，或者装进挖空的面包里。

婚礼上的美人
仅在凯特·米德尔顿与威廉王子婚礼结束24小时之后，世界各地的精品店就都开始售卖她所穿的同款蕾丝连衣裙了。

室内装潢风格
在维多利亚时代，起居室能装上蕾丝窗帘是一个重要的身份象征，如果你家的门把手上有与之相配的蕾丝套那就更好了。

名字的涵义
英文中表示蕾丝的单词"lace"来源于拉丁文单词"laqueus"，意为"环"。因为在最开始编织蕾丝时你需要用针和线来做一个小圈。

用大头针将绣图文在相应的位置

第二堂蕾丝课
如果你是一名生活在17世纪的英国女孩，那么你在5岁时就会被送去蕾丝学校——这里没有数学和地理，每节课都是蕾丝制作。

最初制作蕾丝用的筒线是由小巧的马骨做成的

别摘下帽子

发型糟糕的日子

在平均一个月才洗一次头发的情况下，戴帽子就成了一个好主意。宽檐帽适合下午5点前的户外活动，而蕾丝帽则适合在室内佩戴。

缩腰术

束腰衣会让腰围比在自然状态下缩小几厘米，但会使人呼吸困难，因此穿着束腰衣的人常常晕倒。很多豪宅里都配有专供晕倒的人休息用的沙发，有些甚至还专设了房间。

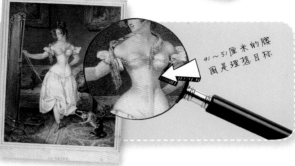

41～51厘米的腰围是理想目标

"我们一天中大部分时间都在换衣服。"

时尚狂热分子

女士们吃早餐、早晨起居、户外散步、骑马、吃下午茶、吃晚餐、看歌剧和参加舞会都要身着不同的服装。购置服装的预算中有1/3用来购买配饰。

下午茶到礼服裙

40米——做一条19世纪的裙子需要使用的布料的长度

越大越好

荷叶边和褶边会让裙子看起来更大。有些裙子太大了，以至于穿着它无法通过房门。随着时尚风潮变换，裙摆变窄，但膨大的部分后移，出现了巴斯尔裙撑。

推荐的鞋履

白色的鞋子适合长度适中的脚。小巧的脚穿侧面系扣的长靴最好看，而大脚则适合穿带有装饰物的鞋子。

羽毛头饰

收腰短外套

袖口上排列整齐的黄铜纽扣

无处不在的褶边

带搭扣的中长靴

维多利亚时代的
氛围

从 19 世纪的衣橱里借鉴一下宽摆裙子和褶边的设计，在比例上用心思，打造出全新的造型。

有些维多利亚时代（因英国维多利亚女王而得名，她于 1837～1901年在位）的时尚理念略微夸张，例如建议时尚女性应该拥有至少60条裙子。但有些还是很有道理且容易实现的: 佩戴帽子或超大头饰使身高显得高一点; 选择和衣服同一颜色或略深的鞋子来打造修长的线条; 穿宽摆裙来强调腰部线条，搭配合身收腰的短外套来平衡整体比例。

搭配要点

✔ **奶油白色的珍珠**　将肌肤衬托得更美，即使是便宜的人造珍珠也有效果。

珍珠纽扣

✔ **调色盘**　深色适合日常生活使用，而漂亮多彩的颜色适合参加派对时使用。

黑色　品蓝　浅蓝色　紫色　锈红色　深肉色　橄榄绿

✔ **漂亮的手套**　可作为调情的道具。丢下手套="我爱你"，将内里翻到外面="我讨厌你"。

✔ **天鹅绒和蕾丝**　试试黑色天鹅绒颈链和白色蕾丝袖口。

奇特的生物

在维多利亚时代，时尚依靠的是视觉技巧，还有大量的动物元素，
这些将女人变为了奇特的生物。

花季手胸
+
勤细腰身
=
曲线立现

鲸骨
束腰衣上塑造线条的柔韧
条状物取自于鲸的颔部。

拉金属框架上
覆以棉布

裙撑的曲线
为了拥有大裙摆，你需要在里面穿一
个笼状的裙撑，或克里诺林裙衬，行
走时它会使你的臀部摇曳生姿。

鱼尾形裙裾
有鱼尾形裙裾的裙子与海洋生物没什
么关系，但穿着这样的裙子会让你走
出房间时显得很优雅。

裙裾在里面
用带子系在
腿上

蓬起的肩膀
+
细瘦的袖口
=
腰部看起来像
裹挟了魔法服
纤细

羊腿袖
这些袖口收紧、上部蓬起的泡泡袖看
上去像绵羊的腿。

" 穿上它，她的**屁股**看起来很丰满吗？ "

羽毛在下巴处微微颤动

赏鸟
时尚人士喜欢将珍稀鸟类的羽毛塞满帽子和装饰在帽子上。

你能在你的巴斯尔裙撑上平稳地放一个茶盘吗？

高领
时尚女性亚历山德拉公主为了遮盖疤痕，穿着高领衣服，引领了一种新的风潮。

鸵鸟毛羽扇
基本的时尚个性配件。因为需求量非常大，南非开办起了鸵鸟养殖场。

马毛
衬裙用亚麻织成，并加入马毛来使其挺括。

1889

1889年，动物爱好者被维多利亚时代穿戴鸟类制品的狂热所激怒，成立了皇家鸟类保护学会。

爱上鞋履

几个世纪以来，女人一直对鞋子痴迷不已。鞋子具有让穿着者变得更高，将他人的注意力吸引到脚上，或者改变人的站姿的神奇能力。

17世纪

松糕鞋的原型

有着厚厚鞋底的套鞋（或者称高底鞋）能将你抬高，远离17世纪肮脏的街道。

1725~1750年

上流社会

鞋跟越高，你的社会地位越高。昂贵的丝绸也能彰显身份。

1750年

包裹脚趾，露后跟

缎面穆勒鞋

18世纪的女士更喜欢踩着拖鞋式穆勒鞋（比室内便鞋更讲究），这是因为她们大部分时间都在室内度过。

19世纪90年代

男友风鞋子

设计师从男鞋上获得灵感，如结实耐穿的绑带鞋，但将外观改良得更为女性化。

1905年

新纪元

20世纪，女性想要更加实用，又有着流线型外观和现代流行元素的鞋子。

1918年

爱上我的腿

1918年，人人都疯狂地想要跳舞，而且裙子越变越短，因此鞋子就需要更多引人注目的设计细节。

20世纪50年代

高跟鞋还是时尚地狱

20世纪50年代，时尚编辑推荐用高跟鞋搭配新流行的更长的裙子，否则你就会看起来很老土。

20世纪60年代

尖鞋头和细高跟

足下危机

一些写字楼禁止女性穿着细高跟鞋入内，因为鞋跟会损坏地板（同样受害的还有女人的脚踝）。

20世纪70年代

他们在想什么？

在被称为"坏品位的十年（20世纪70年代）"里，设计师想出了用灯芯绒布料包裹蠢笨的松糕鞋的点子。

未来有**100万条路**供你选择，但你穿着**高跟鞋**会走得**更高**一些。

——歌舞片《发胶星梦》里的歌曲

18世纪90年代

只能穿一晚

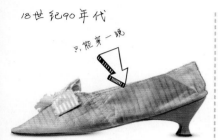

时髦小姐

在简·奥斯汀生活的时代，鞋子非常不禁穿，跳一个晚上的舞，鞋可能就坏了。

19世纪50年代

完美无瑕的双脚

19世纪早期，裙子开始变短，雪白的及踝靴成为最新的时尚。

19世纪90年

用纽扣钩来帮忙

小麻烦

它们或许看起来很可爱，但你必须把每一颗扣子都扣上，这可要花费不少时间。

1926年

鳄鱼皮鞋头

运动装

高跟鞋的鞋跟变低了，风格受到高尔夫球运动的影响。20世纪20年代，姑娘们不跳舞的时候就会打高尔夫球。

20世纪30年代

艺术爱好者

鞋履设计师在20世纪30年代变得非常有创造力，设计出的鞋子像微型艺术品一样。

20世纪40年代

宝石的色调

20世纪40年代，祖母绿成了衣服、鞋子甚至是与之相配的指甲油的热门颜色。

20世纪80年代

有力的细高跟鞋

20世纪80年代，职业女性穿着看起来像金属一样坚硬的高跟鞋在路上昂首阔步。

20世纪90年代

梦幻般的鞋子

20世纪90年代薇薇恩·韦斯特伍德设计的超高防水台鞋子现在在世界各地的博物馆中展出。

21世纪

你穿周仰杰的鞋了吗？

设计师周仰杰的品牌Jimmy Choo推出的12厘米细高跟鞋似乎在21世纪最初的10年里成了女人的必备单品。

曲线使你步步生莲

细高跟鞋使
你气场十足

"给女孩一双**合适的鞋子**，她就能**征服世界**！"

——玛丽莲·梦露，20世纪50年代好莱坞
电影明星，高跟鞋的忠实爱好者

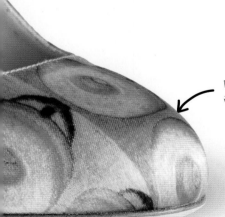

印满甜甜圈的缎
面尽显你的甜美

我这一年:

鞋履设计师

鞋履设计师卡米拉·埃尔菲克正在准备她在伦敦时装学院最后一年的毕业设计作品。到哪里寻找灵感？3勺冰淇淋和薄荷糖似乎是个不错的开始。

卡米拉·埃尔菲克
伦敦时装学院毕业生
鞋类产品设计与创新专业

九月

首先，我准备了一个收集灵感的灵感板——甜点、饼干和我喜爱的美国艺术都汇集于此。

十月

市场调研可以帮助我确定目标客户。这些女孩有趣、充满少女心但又高雅。

用一个佩兹糖果盒来做一个有趣的鞋跟，现在我们需要一个模具来把鞋跟调整到合适的高度。

二月

色泽柔和的皮革和闪闪发亮的漆皮很美，现在我还想在丝绸上印一些特别的图案。

三月

最后用电脑绘制出设计终稿，并配上说明，便于鞋厂照着制作。

> 我想设计出**漂亮的鞋子**，能说出我的**宣言**：奢华，但**充满乐趣**和愉悦。
>
> ——卡米拉·埃尔菲克

十二月

十一月

一月

我需要将一些想法落实在纸上，我花了几个小时在笔记本上画鞋子的涂鸦。

鞋型确定了，现在需要来点变化。棒棒糖的漩涡、薄荷糖的条纹，或者再来点儿蛋糕？

我的导师给了我一些意见——想法很好，但甜筒形鞋跟的制作成本太高了。

四月

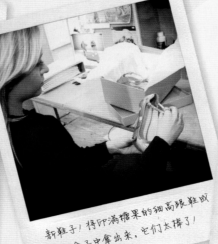

六月

它们合脚吗？我在测量鞋带并检查第一双样鞋的每个细节。

新鞋子！将印满糖果的细高跟鞋成品从盒子中拿出来，它们太棒了！

这可太棒了！我的首个作品系列被拍成大片，带着吸引人的广告语问世了。

"吉布森画出了真
正的美国女孩。"
——《纽约世界报》

美国符号
"吉布森女孩"最出名的是她的
长发，向上挽成松散的发髻，勾
勒出脸部的轮廓。那些天生头发
不多的女性可以使用填充物和假
发来打造出这样的发型。

快速的时尚
虽然装饰着蕾丝花边的紧身上衣仍
然很流行，但也出现了穿女士衬衫
的新风尚。在商店里就能买到成衣
（非手工缝制），价格还很合理，
因此人人都能完成这样的造型。

到处都装饰
着蕾丝花边

魔力内衣
为了拥有沙漏形体形（丰胸、细腰
和翘臀），女性需要穿多达7层的
内衣。其中起主要作用的是使腹部
扁平的紧身胸衣，胸垫将胸部打造
成流行的大胸形。

腰部以下
尽管新式剪裁的裙子需要依
靠内衣来塑形，但过去所穿
着的裙箍和裙撑已成了历
史。裙子的荷叶边和短裙裾
之上，臀部的曲线尽显。

"充满活力的健康少女，
穿简单的服装。"
——《生活》杂志

为行走而设计
鞋子可以用鞋带系上，而
靴子则需要用纽扣扣住。
有些款式的靴子有多达50
个纽扣，想要穿好它们，
得比穿其他鞋多花10分钟。

吉布森女孩

虽然"吉布森女孩"是 19 世纪 90 年代的一个虚构人物，但她柔中带刚的外表和独立的精神至今仍激励着人们。

美国的"吉布森女孩"是由一位名叫查尔斯·达纳·吉布森的艺术家以他妻子为蓝本创作的形象。这一形象不断出现在 19 世纪 90 年代和 20 世纪早期美国的报纸杂志上。尽管画中"吉布森女孩"的美在现实中很难实现，但这并不能阻止她进入现实生活中，她健美的身材、自信的态度、浓密的卷发、对化妆的热爱，以及新颖的衬衫裙穿法影响了数百万女性。

变高的领子打造出天鹅颈

头发微卷

朴素苗条的身材

时髦的纽扣

便于行走的实用的靴子

搭配要点

★ 金色盒式项链坠 首饰不应该太过显眼，它的目的是为了让脖子显得修长（将头发盘起来也有这样的效果）。

★ 高领女士衬衫 将衬衫的扣子全部系上（职场女性最初的装扮）来打造清爽干净的线条。

★ 领结 "吉布森女孩"借鉴了男装的领结，以此表明男性能做的事情女性也可以做到。

黑色　品蓝　浅蓝色　紫色　锈红色

整洁的领结打造出经典的"吉布森女孩"形象

社交花蝴蝶

大约在20世纪初，服装设计的动力来自于出行：乘坐新发明的汽车旅行，骑着广受欢迎的自行车外出，还有在新开的咖啡馆、下午茶舞会和百货商店中社交。

魅力四射

因为发型太大，帽子只能搭在上面。休闲小平顶硬草帽或更正式一些的羽毛帽都非常流行。

用超长发夹将帽子固定在头发上

学走路

时尚杂志会教你如何优雅地弯下腰，拎起裙裾，然后优雅地走路。

当女人为了骑自行车开始穿惊世骇俗的过膝灯笼裤时，她们被禁止进入咖啡馆，还有人建议她们携带水枪自我防卫。

为下午茶舞会装饰的珠子

实用的方法

越来越多的职场女性开始穿着运动风格的套装——至少穿着它们你能正常地行走。

彰显个性的鞋子

跳舞风靡一时，双脚成了聚光灯下的焦点，鞋子上出现了珠串和水钻等装饰。

晚上绝对要穿象牙色缎面鞋

第一印象

鞋子的设计需要有一些小亮点，这样它们在紧身晚礼服下面若隐若现时才会更出挑。

为了成为'吉布森女孩'，我的**后背都疼了**。

——19世纪90年代关于S体形的流行歌曲

头纱保护脸部免受太阳照射

公共场合必须佩戴帽子

腰下的香水垫掩盖了不好的气味

身材匀称
内衣变得比以往都更重要，也更漂亮。关键的单品是长款束腰衣和带褶边的胸垫。

时间和场合
在19世纪的"时尚警察"看来，早上佩戴项链和珠宝是"道德败坏的行为"。

黑色的遮阳伞防晒效果最好

装饰朱红，使之与衣服相配

时尚的柔术
时髦女性的身材是S形的（内衣使胸部向前隆起，臀部向后翘起）。垫起的胸部让腰看起来更细。

裙衣卓色扣紫罗兰色是标准色

情人的语言
遮阳伞可以传递秘密信息。旋转遮阳伞意为"有人在看着我们"，放下遮阳伞是在说"我爱你"。

从舞台到街头

从北非的旅行中获得灵感，芭蕾舞剧《舍赫拉查德》的服装设计师让舞者戴上了包头巾。不到一年的时间，包头巾就成了巴黎街头的时尚潮流。

将围巾裹成包头巾

长长的串珠项链突出时尚新的简洁轮廓。

闪亮的首饰

珠宝设计师，如著名的卡地亚，在看过俄罗斯芭蕾舞团缀有成串的银珠子、玻璃珠子和珍珠的服装之后开始设计珠饰。

"哈伦裙是一种可耻的时尚。"
——《梵蒂冈通讯报》，1911 年

惊世骇俗的哈伦裤

第一个穿着哈伦裤上街的女性遭到了围观，最终，警察出面才把她解救出来。为了不激起读者歇斯底里的反应，报纸和杂志开始使用"哈伦裙"来代替"哈伦裤"这种说法。

俄罗斯芭蕾舞团的舞者

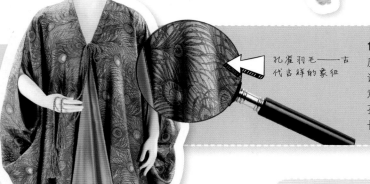

孔雀羽毛——古代吉祥的象征

色彩大爆炸

厌倦了女性穿着一成不变的雅致色调，保罗·普瓦雷等设计师开始肆意使用色彩。普瓦雷的妻子痴迷于孔雀的颜色，她会穿着鲜艳的绿色长筒袜，戴着亮蓝色假发外出购物。

尖头鞋

脚尖翘起的摩洛哥拖鞋风靡一时，男女都能穿。鞋匠皮埃尔·严托尼在他的那双鞋上镶上了真金。

新
波西米亚风

用 100 年前鲜艳的色彩、绚丽的印花和富有异国情调的造型来展示你艺术的一面。

让我们回到 1909 年，一个事件永远地改变了女性的服饰。俄罗斯芭蕾舞团上演了根据《天方夜谭》的故事改编的芭蕾舞剧《舍赫拉查德》。俄罗斯艺术家列昂·巴克斯特设计了前所未见的演出服——这种演出服拥有难以置信的丰富色彩和能让舞者活动自如的剪裁，它的灵感来自东方，但看上去有伤风化。从这种充满活力的波西米亚风格中汲取灵感，做一名有自己独特时尚规则的艺术家吧。

头发

宽松的裤腿

色彩丰富的印花

脚踝处收紧

光脚或者穿超薄底的夹趾凉鞋

塔配要点

★ **长珠串耳坠** 灵感来源于北非或中东色彩丰富且精致的耳坠。

★ **五颜六色的珠串** 用流光溢彩的项链将别人的注意力吸引到你身上——珠子的直径越小，效果越好。

| 孔雀绿 | 亮蓝 | 松石绿 | 波尔多红 | 紫色 | 黄色 |

★ **哈伦裤** 无论材质是奢华的丝绸还是柔软的平纹针织物，都给人一种惬意舒适的印象。

巧妙的服装

当现代艺术硬朗的线条取代了新艺术运动的曲线后，时尚也在应势而变。告别富有曲线的身材和浪漫主义美感，迎接平直的身材、时髦的短发和打破传统的穿着。

红色的羽毛是你成为"戏精"的必备品

东方热
像这款手包等配饰，上面有中国风图案刺绣，配以翡翠色珠子，简直是艺术品。

被"点亮"的女士
流行的灯罩造型（长裙或哈伦裤外罩一件喇叭形束腰外衣）最初是为化妆舞会而设计的。

像蜻蜓翅膀一样闪耀着光泽的丝绸

表达自我
自然景观的曲线图案和多彩的瓷釉使新艺术运动风格的首饰非常具有创造性。

饰有羽毛的软帽

她穿没穿腰衣呢？

可耻的建议
设计师保罗·普瓦雷说新时尚不再需要束腰衣，他建议女性改穿胸罩。

> **我解放了女性的胸部，却又束缚了她们的双腿。**
> ——保罗·普瓦雷

从男装借鉴而来的宽领

金属丝支撑裙子的底边，使其腰括

臀线下降到臀部的位置

霍步裙让你走起来蹒跚扭动

竖条纹让你的腿看起来更长

扭动行走
霍步裙长及脚踝的下摆非常窄，以至于一步只能迈出几厘米的距离。

外出的一天
女性购物和社交的时间比过去多了很多，因此手包就成了用来炫耀的重要配饰。

1910

1910 年，保罗·普瓦雷的霍步裙面世。警察抱怨这种裙子导致了交通堵塞，因为穿这种裙子的女性过马路的时间增加了一倍。

裙子变短，使鞋子和长筒袜露了出来

探戈舞狂潮
当跳起超级流行的阿根廷探戈舞时，你的鞋子需要有起到固定作用的丝带。

让我们跟随法国制扇工匠皮埃尔·迪韦勒鲁瓦来学一学扇子的语言。

"我已经订婚了。"

"我结婚了。"

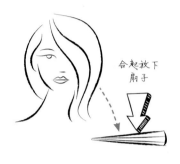

"我们可以做朋友。"

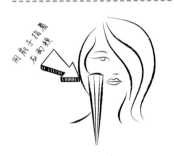

"同意。"

"反对。"

"跟我来。"

"吻我。"

"我爱你。"

"我希望你不要再烦我了。"

"漂亮？全凭运气。"
——约瑟芬·贝克

万众瞩目

舞蹈演员和歌手约瑟芬·贝克是 20 世纪 20 年代派对女郎的标志性人物，她机智俏皮、美丽动人、举止出位（她有一头宠物豹）。大家都学她剪超短发，画细细的眉毛。

约瑟芬为她自己的发胶品牌"贝克菲克斯"代言

3 3种摩登女性：半摩登女性、摩登女性和超级摩登女性，这取决于她们对派对的狂热程度。

有伤风化的肩膀

20 世纪 20 年代初，在白天穿任何无袖的衣服都被认为是十分惊世骇俗的。女孩只有在晚上才能穿着无袖的衣服，而且在出门之前还要在肩膀上扑些粉。

"束腰衣的时代像渡渡鸟一样一去不返了。"
——《新共和》周刊

摇起来

再也不需要什么紧身衣——裙子突出了臀部的曲线，新舞蹈热潮也强调臀部动作。当时，抖动臀部的"西迷舞"在美国的某些城市是违法的。

越来越短

裙子的长度也逐渐变短，直到1927 年，裙子短到了膝盖的位置，这是时尚史上女性首次露出膝盖。

在跳舞时，流苏裙莛才能露出更多的腿部肌肤

从这儿开始

女性的鞋子不再藏在裙子下面，时尚杂志称，鞋子应当是在搭配着装时要考虑的第一件事。

有丁字带和剪眼的鞋

带有装饰的发箍

简洁的领口和裸露的双臂

派对 **女郎**

看看这些在 20 世纪 20 年代改写了时尚规则的女孩吧！她们身穿流苏裙和舞鞋。她们有摩登女性的放肆态度。快点加入她们吧。

摩登女性是一群有着显著特征的时尚人士。在摩登女性所在的年代，她们不仅外表现代，行事方式也极具现代感。她们有工作、会开车、听爵士乐、化妆，如果愿意她们可以整夜不归。虽然她们和好女孩绝对沾不上边，但这些女孩活跃的能量让人无法抗拒。她们的准则是：任何事都有可能发生，她们会努力让自己看起来最好。

流苏、羽毛或珠子

露出你的双腿（可以是健康的棕褐色）

踝带和波点短袜

搭配要点

★ **顺滑的头发**　加上超短发，是打造摩登女性形象最重要的一部分，用一条发带或装饰着羽毛的发夹来保持发型清爽整洁。

★ **流苏长吊坠**　在你行走时会不断摆动，吸引众人注意，还能打造修长的轮廓。

★ **珠饰或流苏钱包**　把它的短链带挎在手腕上，使钱包垂下来，使你即刻变身为20世纪20年代女郎。

象牙白	黑色	银色	珊瑚红	宝石红	薄荷绿	黄褐色

绝妙的摩登女性

因为快节奏的生活以及需要为跳舞而打扮，20 世纪 20 年代的年轻女性不再穿烦琐且压抑天性的服装。她们推动时尚的风潮转向短裙、男孩式的装扮和大胆的生活方式。

古埃及风格的刺绣

跳查尔斯顿舞的完美服装

古埃及热

法老图坦哈蒙的陵墓被发现后，古埃及的几何图案流行起来。

青金石蓝，埃及艳后最喜爱的颜色

透明的几层薄纱

小心处理

夜总会的清洁工需要数小时来打扫舞场地板，因为满地都是衣服上掉下来的珠子。

干练女孩

精致的饰品和优雅的图案已经成为过去，摩登女性想要表现的是时髦的现代都市形象。

不要再穿令人全味的黑色鞋子

有趣的鞋履

鞋跟变得更高，让你的小腿线条看起来更好，脚踝更显纤细。

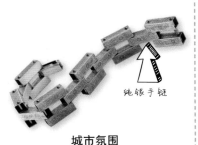

纯银手链

城市氛围

佩戴装饰艺术派风格的链条手镯向他人传达的是：你是热爱科技的城市女孩。

摩登女性喜爱跑车和飞机。受到装饰艺术时尚和建筑风格的影响，这两者都有流线型的设计。

> **这个夏天，摩登女性穿得不多。**
>
> ——《新共和》周刊，1925年

❄ 凉爽
忘掉优雅的姿态吧，摩登女性喜欢懒散地歪着臀部，以证明她们没穿束腰衣。

Hose with a Kick
Artificial Silk.
20 Fashionable Shades.
British Manufacture.

看我的腿
用新发明的人造丝制成的长筒袜闪着光泽，摩登女性穿上它们看起来就像在腿上扑了粉。

挂在手腕上叮当作响

丝制的女士短衬裤和衬裙是必不可少的内衣单品。

派对女孩在膝盖上抹上腮红

手帕式下摆从裙子后边垂下来

从拂晓到日落
新款手包重量超轻，内部容量可以扩展，白天夜晚都适用。

青春永驻
玛丽珍鞋就像小女孩参加合唱时穿的皮鞋，在当时非常流行，因为摩登女性希望自己看起来年轻和无忧无虑。

成为
可可·香奈儿

街头风的创始人可可·香奈儿把男性工装改造成了上流社会女性穿着的时髦装束。

很难相信，一个贫穷的法国孤儿能创立如此之大的时尚商业帝国，她的名字在全世界都是奢侈品的象征。这就是加布里埃尔·可可·香奈儿做到的事。或许是她贫苦的出身和在孤儿院学到的缝纫技巧赋予了她灵感和能力，使她将实用男装（如条纹T恤和水手裤）改良为漂亮的女装。

20世纪20年代，她开始出售自己设计的服装：运动夹克、男友风长裤、套头毛衣，以及黑色、海军蓝和白色的宽松吊带裙。与大多数女性仍在穿着的繁复、紧身的裙子相比，它们看起来简洁又充满新鲜感和年轻的气息。可可·香奈儿用休闲款式搭配清爽短发创造了迅速风靡全球的现代形象。

局爱的珍珠成为视觉重点

宽袖口和宽手镯（毫不秀气）

香水的革命
1921年，香奈儿推出了她的第一款香水。当时她将其喷洒在一家很受欢迎的餐厅里，女士们为其持久、清新的味道而倾倒。但她们不知道香奈儿五号香水中含有一种在试管中制造出的全新化学品——醛。

仿羊羔皮短外套——香奈儿经典款

镶边内藏有金属链，使衣服时刻保持服帖

可可·香奈儿的男朋友送给她一束山茶花之后，白色山茶花就成为香奈儿品牌的经典图案

右侧的C遮在左侧的C上

黑色和白色或法国海军蓝和白色

双色鞋拉长腿部长度，缩短脚部长度

黑色使人看起来干练时髦

愿望清单

♥ 条纹T恤　香奈儿看到法国水手穿的条纹T恤制服之后，也开始穿条纹T恤。

♥ 多层缠绕的珍珠　香奈儿每次过生日，她的男友都会送她一串珍珠。假的也没关系，就连香奈儿也会戴人造珍珠。

♥ 菱格纹手袋
灵感来源于马夫夹克。

弹力的革命

20 世纪 20 年代和 30 年代，设计师想出了一些聪明的新点子，他们利用针织面料，运用技巧，最大程度上使穿着者能活动自如，推动女性时尚走向自由。

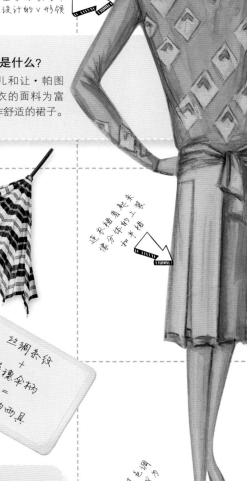

基于男装马甲
设计的 V 形领

小而美
紧包住头的钟形帽是为了搭配新的时尚短发而设计出来的。

女士们穿的是什么？
可可·香奈儿和让·帕图利用男性内衣的面料为富有的女士制作舒适的裙子。

连衣裙看起来
像分体的上装
加半裙

丝绸条纹
+
常礼伞柄
=
时髦的雨具

秘密武器
褶裥会使裙子产生修长紧身的效果。当你走动时，裙褶就会打开（像折扇一样）。

采用低调装束可调一致的建于成为关注的焦点

我喜欢**舒适**，不喜欢**华而不实**。

——时装设计师克莱尔·麦卡德尔

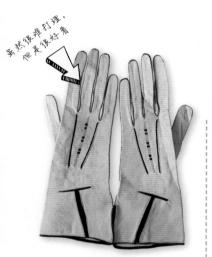

虽然很难打理，但是很好看

驾驶风
戴手套不再是为了保护娇美的双手不被晒伤和弄脏，而是为了驾驶汽车。

印在铜版纸上的穿搭指南
时尚杂志给职业女性关于时尚的建议（包括与服务员讲话的技巧）。

有多种几何图案的腰带和袖子给整体造型增添了一抹亮色

衣片形成流畅的轮廓

花自己的钱
职业女性也能买得起首饰，而不用等着别人拿钻石戒指来求婚。

令人开心的高度
坡跟鞋一出现，女人们就爱上了它们。它们并不优雅，但能弥补身高的不足，而且不会像高跟鞋那样让人脚疼。

1920

1920年，美国女性终于获得了选举权。而在英国，女性直到1928年才获得选举权，法国则要等到1944年。而新西兰的女性从1893年就开始拥有选举权了。

鞋带呈T字形

自信地泡夜店
T字带鞋是晚上外出的必备品，即使在你疯狂地跳舞时它也不会掉。

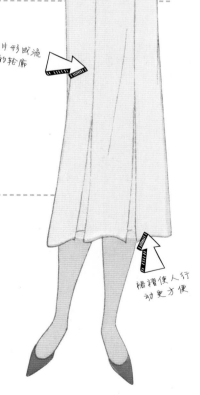

裙褶便人行动更方便

准备好上镜特写

20 世纪 30 年代的经典好莱坞发型是让头发围在脸的周围，偏分，这样略长的一边可以轻扫过脸颊。

"塑造你的曲线，这或许危险，却能让你吸引所有人的视线。"

——梅·韦斯特

大胆的梅

好莱坞最奔放的明星梅·韦斯特穿了一件领口设计大胆，露出乳沟的裙子之后，这种裙子就成了打造惊艳造型的重要单品。

前面带有起到支撑作用的光滑衣片的肉色内裤

流畅的线条

和过去相比，女性露出的肌肤更多了，连衣裙也更贴身了，内衣也不得不变得更紧身——比过去数百年的内衣都更小巧。而电影明星珍·哈露则更进一步，她说自己根本不穿内衣。

"亲爱的，我的腿并没有那么好看，我只是知道该怎样利用它们。"

——玛琳·黛德丽

长腿金发美人

女演员玛琳·黛德丽以她的美腿而闻名，她为这双美腿上了价值 100 万美元的保险。她是最早在银幕上完全将双腿露出来的女演员之一，尽管在生活中她更喜欢穿长裤。

高度问题

好莱坞明星青睐的紧身连衣裙最适合高挑的身材，但身材娇小的女性可以用新的高防水台凉鞋来假装自己很高。金杰·罗杰斯等舞蹈演员喜爱穿 T 字带高跟浅口舞鞋进行表演。

闪闪发亮的鞋最适合黑白电影

与 20 世纪 40 年代电影明星韦罗妮卡·莱克同款的经典好莱坞发型

银幕**女神**

从 20 世纪 30 年代和 40 年代的好莱坞明星和他们的服装设计师那里，你总能学到点儿什么，他们知道所有能让你看起来更漂亮的技巧。

在还没有电视和优兔（YouTube）等视频网站的日子里，电影是女性获取时尚信息和美容护肤资讯的全部来源。年轻女性每周至少和男朋友去看一次电影，并为自己喜爱的电影明星穿戴的每个细节而着迷。因为当时只有黑白电影，所以服装设计师为了银幕效果，打造出引人注目的使线条修长的衣服，并选用缎子那样有光泽的面料，在演员身体周围营造出一种光晕。

电影中女主角身着象牙色裙子（反派则穿黑色）

搭配要点

★ **毛皮披肩**　瞬间提升你的魅力，它们就像永恒的聚光灯一样，使你成为焦点。人造皮草不失为一种更环保的选择。

★ **缎面上衣**　白色或象牙色的缎面上衣会为整体着装增加一点好莱坞味道，即便是搭配牛仔裤也一样。

黑色　象牙色　白色　银色　金色

★ **超高防水台高跟鞋**　藏在曳地礼服下悄悄地施展着它的魔力，带防水台的鞋子不仅能增加身高，还能确保你在红毯上稳稳地行走（别往下看！）。

抢镜王

20世纪30年代，很多人在大萧条时期失去工作，勉强维持生计，电影为人们提供了一个逃避残酷现实的方法。好莱坞炫目迷人的华丽礼服能帮你暂时忘掉烦恼。

带褶边泡泡袖的白色素心连衣裙

夜幕降临之后

受到好莱坞电影的影响，为晚会着装打扮是"入时"的。手包优雅漂亮，常配以缀有宝石的钩扣。

龙虾和欧芹印花

意大利设计师埃尔莎·斯基亚帕雷利与超现实主义画家萨尔瓦多·达利联手设计了她著名的龙虾连衣裙（右图），但她拒绝让达利在上面挤上真正的蛋黄酱。

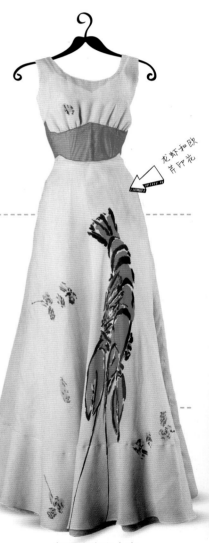

从银幕到街头

琼·克劳馥在电影《情重身轻》中所穿的那种白色多褶边连衣裙一夜之间掀起时尚热潮。

真实还是虚幻

有趣的超现实主义配饰包括鞋形的帽子和做成香槟酒桶样子的手袋。

超现实主义大盗

斯基亚帕雷利在她的设计中使用了很多超现实主义风格的图案和细节，如蛇皮花纹美甲和形状像空中飞人的纽扣。

好莱坞**今天设计**出什么，
你**明天就会穿**什么。

——设计师埃尔莎·斯基亚帕雷利

肉色的有镶钻的
水钻的夹子

华丽转身
很多电影中都有女主角冲出房间的镜头，
因此女主角的连衣裙背面也必须同样惊艳，
比如设计成露背的、装饰着褶边的样子。

人造宝石
也很闪耀

让我们假装一下
在银幕上，没有什么东西必须是真实
的。马塞尔·布歇用莱茵石替代钻石，
制作出美丽的人造珠宝。

带松紧带的
缎面胸罩
＋
全新的无缝
弹力束腹带
＝
完美身材

更高的鞋跟
虽然鞋跟很高的鞋在现实生活中不实
用，但在银幕上却看起来很美。好莱
坞使高跟鞋成为流行。

The brassiere
that gives
you *line*

KESTOS

衣服下面穿什么？
为了迎合好莱坞时尚，露背胸罩和有
聚拢效果的胸罩问世了。

纸醉金迷
晚礼服鞋上出现了夸张的元素，比如
贴金的角斗士鞋、露趾鞋和露跟鞋纷
纷上市。

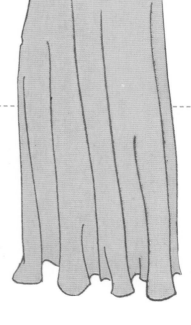

跟我来
20 世纪 30 年代，歌舞片轰动一时，演
员们也开始穿着闪亮的鞋子以吸引人
们关注复杂的脚部动作。

"美不是
天生的，
**美是创造
出来的。**"

——马克斯·法克特，在20世纪早期
掀起了一场彩妆革命的化妆师

20世纪30年代
的化妆粉盒

翻开盖子就
会露出散粉
和粉扑

我这一年：

彩妆学员

弗洛拉·罗布森和波普伊·肯尼是彩妆专业二年级的学生。她们正在学习如何打造特别的面部妆容，以及想方设法在激烈的竞争中脱颖而出，获得为时装秀和杂志大片拍摄化妆的机会。

弗洛拉·罗布森和
波普伊·肯尼

伦敦时装学院发型与
彩妆时尚专业

九月

第一学期，我们主要学习化妆基础技巧，之后学习不同时代的彩妆特点。

课程开始之前，我们需要买全套的彩妆盒和刷子，这些一共花了1500英镑。

十一月

为了完成我们的联合项目，我们开始收集"浴室"音乐和时尚元素，我们喜爱20世纪70年代和80年代的前卫风格。

十二月

我们的主题是"我在迪斯科里迷失了自我"。这是波普伊在进行调查。

一月

互联网至关重要，我们总是在网上寻找能一起完成项目的摄影师、造型师和设计师。

> 好像其他所有人都成了**化妆专家**，在视频社交网站上做线上课程，因此，**很难不令人感到沮丧**。但我们热爱自己的事业，如果你真的想要有所成就，你就会**全力以赴去得到它**。
>
> ——发型与彩妆专业学生弗洛拉和波普伊

十月

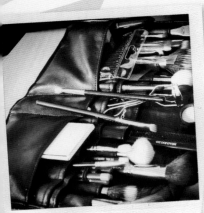

质量很好的化妆刷很贵，但画出来的效果确实很不一样。

某些课程会训练我们化妆的速度，因为在T台时装秀上你的时间非常紧张。

所有妆容都要拍下来在屏幕上确认。弗洛拉的橙色唇妆看起来效果不好。

三月

四月

夸张的眉毛、烟熏效果眼影、银色高光、苍白的嘴唇和作为背景的迪斯科彩带。

我们为了最后的拍摄完成了整体造型——泡夜店的服装、发型和彩妆。

如果你觉得自己的化妆包很重，看看我们的吧，我们走到哪儿都得带着它们。

实用并爱国

在20世纪40年代的美国和英国，女性将头发卷成"胜利卷"（来自于飞行员庆祝突袭成功的特技飞行"凯旋式横滚"），防止头发绞进工厂的机器里。鲜艳的红色口红会让女性感到愉快，工作干劲倍增。

用几枚发夹固定发卷

将头发梳开再卷形成鬈来修饰卷发

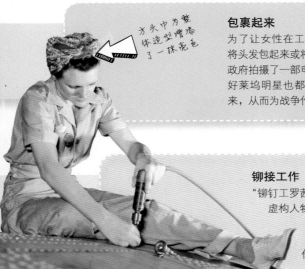

方头巾为整体造型增添了一抹亮色

包裹起来

为了让女性在工厂工作时用方头巾将头发包起来或将头发挽起来，美国政府拍摄了一部电影，表现了即使是好莱坞明星也都将自己的头发梳起来，从而为战争作出贡献的主题。

铆接工作

"铆钉工罗茜"是美国杂志上的一个虚构人物。她制造飞机和军用车辆，身穿工装背带裤，头戴头巾，成为战争宣传的海报女孩。

"我们做得到！"

——铆钉工罗茜海报上的积极口号

安全第一

战时征兵海报也会提供一些在工厂工作时的时尚建议——鼓励女性工作时穿实用的工装背带裤，并忠告连衣裙、围裙、手镯、长发或松散的头发"都是肯定会被卷入机器的危险物品"。

平底鞋的胜利

让女人们放弃她们的高跟鞋很难，政府警告她们，在工作场所穿高跟鞋会"导致疲劳和跌倒"。她们被建议选择"有吸引力的低跟鞋来保证舒适和安全"。

木底鞋（不在配给清单上）

由于皮革短缺而出现了木头鞋跟

复古风格发
型成为现在
的潮流

亮红色
头巾

经典工装裤

可爱的平底鞋
或富有女人味
的高跟鞋

复古风 假小子

让我们看看战时女英雄身穿基本款男士工装
的可爱形象，现在这种穿法已成为经典的休闲
风格。

20 世纪上半叶，女人很少穿长裤。但是当男性奔赴第
二次世界大战的战场，大量女性受到号召替代他们到
农场和工厂工作时，她们发现穿半裙和连衣裙非常不
方便，更别提潜在的危险了。那么解决办法是什么？
一条方便穿着的工装背带裤！让我们跟上她们的脚步，
穿上一条上衣裤子二合一的工装背带裤——长短均
可，一边背带不要系上，霓虹色或经典牛仔蓝，准备
好面对任何事情吧。

搭配要点

★ **彩色头巾** 有多种佩戴方式：拧成包头
巾，叠成发带，或系成蝴蝶结。

★ **方形手提包** 适合白天外出，选择肩带
足够长、容量大到能放下午餐（还有口红）的。

海军蓝   暗绿色   浅蓝色   铁灰色   米色

★ **飞行员太阳镜** 线条流畅优雅，时刻做好帮你
抵御阳光的准备——第二次世界大战时空军飞行员佩戴
了这种眼镜（但全部由女性组成的苏联女子飞行团的飞
行员不需要，因为她们在夜间执行飞行任务）。

缝缝补补

在第二次世界大战期间，政府针对个人的着装出台了严格的法令规定。当时的英国人每次买衣服和布料都要使用配给券。但时尚总是占了上风，心灵手巧的设计师和足智多谋的女性总能找到方法来应对。

毛皮是稀缺布料的流行替代物

使用回收羊毛织成的开襟毛衣

在美国海军陆战队服役的女兵必须涂抹特定颜色的口红（伊丽莎白·雅顿的"战争红"），与制服上的红色缝线相配。

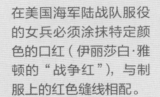

考虑苗条的问题
设计师需要节约布料，因此他们做出的裙子更窄，下摆更短。

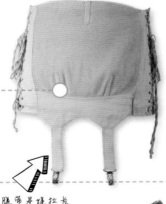

束腹带是提拉长筒袜的必备品

服装管控
为了节省布料，连衣裙只允许有两条复褶。为了节省配给券，人们将羊毛回收再利用。

站得更高
尽管平底鞋是更明智的选择，但大多数通用型鞋子（只能是黑色、棕色或海军蓝的）都有跟。

极度渴望下的解决方法
虽然皮革供应短缺，但爬行动物却不少，因此，当时的女性会买一个鳄鱼皮或蜥蜴皮的手袋。

把这些**不起眼的旧衣服**改造成**靓丽时装**。

——摘自《为了胜利缝缝补补》，1942年
给美国女性的建议

服装式样书教你如何制作属于自己的大檐礼帽

小碎花的图案很容易在接缝处匹配，因此更节省布料

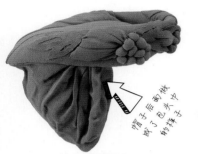

帽子巨大而柔软了，包裹了样子

放开供应的款式
在英国，购买帽子不受配给令的限制，但帽子仍然因为要节省布料而变得越来越小。

借鉴和重塑
时尚杂志建议女士剪掉丈夫的帽子（在他们为国服役期间），将其改造成适合自己的款式。

令人愉快的时髦
一个有机玻璃（塑料）胸针就能为平淡无奇的着装增添一抹亮色，而不必动用有限的金属物资来制作胸针。

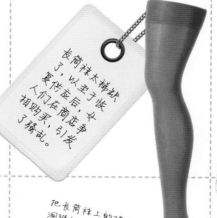

长筒袜太棒了，以利于版，夏供应后，女人们在商店争相购买，引发了骚乱。

把长筒袜上的破洞缝好继续穿

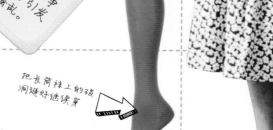

实用的黑色

小心选择
根据配给令，大多数英国女性每年只能购买一双鞋子。

不能没有它
为了装扮穿了尼龙长筒袜的样子，绝望的女性将棕色的肉汁涂在腿上，再用眼线笔画出长筒袜的接缝。

各个季节都要更换装饰

戴女帽的礼仪

戴帽子的时候（过去的人大多数时候都戴着帽子），了解礼仪很重要。进门后必须将帽子脱下，除非你是在教堂，或者帽子很小，是晚礼服的一部分。

"快乐是一切美丽的秘诀。"

——迪奥

身体雕塑

迪奥的设计告别了战争时期男性化的垫肩，迎来合身的、线条柔美的斜肩。而臀部加上了垫子，看起来更宽，对比之下腰部更显纤细。

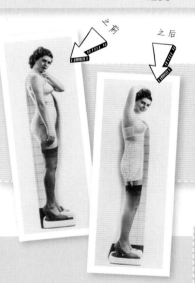

之前　　之后

一切为了迪奥

迪奥的模特为了塑造纤纤细腰而穿极紧的塑身衣，至少有一个模特因此而晕倒。对普通女性来说，弹力束腹带能让腰围至少减少 5 厘米。

用多少？太多了！

第二次世界大战之后第一位穿迪奥长裙走上街头的女性遭到了袭击，原因是裙子看起来太浪费了。在战争时期，缝制一条裙子需要大约 3 米的布料，而迪奥的一条裙子需要用到 25 米的布料。

裙子很靠衬裙和支撑衣来支撑

注意脚下

迪奥曾说："只需看一眼脚，便可看出一位女性是否优雅。"在礼仪专家看来，破旧的高跟鞋和沾满泥的鞋子令人无法容忍。

如果脚跟露出来，就不要露脚尖

丝绸或缎面的黑色高跟鞋

白天戴的鸡尾酒帽

午间提升魅力的合身蕾丝开襟毛衣

线条清晰的手提包——一点都不懒散

平底尖头鞋或猫跟尖头鞋

新风貌

20世纪50年代的时尚崇尚精确的整体搭配和佩戴配饰。如果你的风格是优雅淑女，那么这将是属于你的10年。

即使是在第二次世界大战之后的辉煌年代，你也不能有太多衣服或者手包。这时，克里斯蒂安·迪奥推出了他童话般的"新风貌"系列：使用奢华面料制作的宽摆大长裙，还有一系列可爱的鞋子、包袋、手套和帽子与之相配。女人味十足的20世纪女性形象诞生：精心打扮，穿着完美（更不用提举止得体），永远穿着新的款式和色彩。

愿望清单

★ **耳钉** 既优雅又百搭，无论是在家里穿的卡普里裤还是舞会礼服都能搭配。别忘了将头发梳到后面或剪短来露出耳钉。

★ **一条宽腰带** 带松紧的或漆皮制成的，有平扣，能立刻赋予你纤纤细腰，塑造出"新风貌"的线条。

松石绿	黑色	白色	粉色（各种深浅的粉）	婴儿蓝	灰色

★ **猫跟鞋** 远没有细高跟鞋那么令人痛苦，后者曾在20世纪50年代因造成事故和毁坏地板而在某些地方被禁止。但小心！猫跟鞋的鞋跟仍可能卡在路面的缝隙里。

超级时髦

20 世纪 50 年代的女性在任何场合都要盛装打扮，甚至在每天晚上丈夫回家的时候也要盛装迎接。她们有钱可以花，也不必受配给令的限制，这是一个从头到脚都要做到完美的时代。

法式风格很时尚

绝不紊乱，这束平顺的发绺很法式

心爱的纪梵希新时装

模特产业的兴起
美国人苏茜·帕克是一位超模（她的姐姐也是一位模特），她在15岁的时候第一次登上杂志封面。

完美搭配
克里斯蒂安·迪奥售卖整套和服装相配的周边产品——项链、耳环、鞋子、包袋、内衣和香水。

永远不能光着脚

精巧的鞋子
米色的鞋子搭配肉色的长筒袜能让腿看起来更修长。

手包法则第一条
手包需和体形相衬。娇小的女性不应使用硕大的托特包，而如果你是个高个子，就不要拿小巧的坤包。

手包法则第二条
用餐时，将手包平稳地放在膝上，而不要放在桌上或地上。

手包法则第三条
去餐厅时带上一个手包来放手套（注意这只手包上方便拿糖果的部分）。

" 一定要**爱惜**你的衣服。 "
—— 设计师于贝尔·德·纪梵希

带有头纱的鸡尾酒帽只能在下午5点以后戴

装饰着鲜花或水果的小帽子是一种时尚

内有坚硬的骨架支撑

裙褶将视线吸引到腰部

画龙点睛
"女性不戴帽子就谈不上优雅时髦",礼仪和教养专家埃米莉·波斯特如是说。

1959

1959年,芭比娃娃和她装着22套服装的衣柜首次亮相,服装主题包括"忙碌的姑娘""电影约会"和"欢乐的巴黎女郎"(一种时装风格泡泡裙)。

无肩带的科学
当露肩礼服在1950年流行起来时,内衣设计师赶忙设计出一种更好的无肩带胸罩。

裙子下摆将近一米宽

在包里装一双备用的长筒袜

同色系配色
时尚杂志建议用同一色系不同色调来搭配全身着装,从而让你看起来更苗条。

成为
奥黛丽·赫本

优雅时髦、泰然自若，而且非常上镜，奥黛丽·赫本
是近100年来最有影响力的电影明星和时尚偶像之一。

也许是因为她在欧洲长大，也许是得益于她作为芭蕾舞者
的训练经历，奥黛丽·赫本完全不同于20世纪50～60年
代好莱坞黄金时期的其他女明星。按照当时的审美标准，
女明星要拥有富有曲线的身材和性感的魅力，而奥黛丽
则以"调皮淘气的小女孩"的形象出现在大众面前——
面带稚气、娇小可人，最重要的是，气质迷人。

在奥黛丽的每部电影中，她都有自己独特的造型。在《罗
马假日》（1953年）中，她展现了精灵短发；在《龙凤配》
（1954年）中，她身着卡普里裤和芭蕾平底鞋；在《蒂
凡尼的早餐》（1961年）中，她又将小黑裙变成了
潮流。而或许真正让奥黛丽与众不同的是她的慈悲
之心——她少女时期在荷兰度过，经历了恐怖的第
二次世界大战，她因此致力于联合国儿童基金会的
儿童慈善工作。

长手套搭配
无袖礼服，
但只能在下
午5点之后佩戴

珍珠耳钉或设
计简洁的耳坠
搭配短头发

有层次的剪法
打造出调皮的
小女孩的形象

卡普里裤是奥黛
丽的标志性装扮

全身穿着黑色
是永恒的优雅

美丽的双眼

化妆师阿尔贝托·德·罗西
为奥黛丽画眼妆，他用眼线
笔描绘上眼线，用刷子晕染
开，并在眼睑上擦一点紫色
的眼影。奥黛丽自己涂上睫
毛膏，罗西则将它们一根根
刷开。奥黛丽的浓眉具有完
美的轮廓。

奥黛丽最钟爱的设计师纪梵希设计的鸡尾酒礼服裙

迪奥的珍珠是搭配黑色服装的完美配饰

经典小黑裙

深色镜片和镜框

可以调整的蝴蝶结是最佳搭配

波点是20世纪50年代的经典图案

愿望清单

★ 超大太阳镜　设计师奥利弗·戈德史密斯与奥黛丽合作过几次，如为她设计了在《蒂凡尼的早餐》中戴的那款经典太阳镜。

★ 三角头巾　奥黛丽在电影和生活中都会选用的配饰，你也可以将它简单地系在脖子上。

★ 芭蕾平底舞鞋　设计师萨尔瓦托雷·费拉加莫为奥黛丽定制的鞋子。

浪漫假日

20世纪50年代的夏日假期意味着满满一个衣橱的便宜又可爱的衣服，还有可能会出现一次浪漫的邂逅，就像电影《罗马假日》（1953年）里奥黛丽·赫本所经历的那样。

日常太阳裙

活泼的无袖太阳裙有多种不同印花和颜色的选择（多亏了新织物和新染料的发明）。

下摆刚刚过膝盖

就如……

各种时尚杂志如雨后春笋般涌现出来，告诉你每一季该穿什么，夏季出游该带些什么。

向日葵太阳镜

太阳镜有了新的款式，形状更夸张——带尖角的有翼框架特别流行。

★ **4**

20世纪50年代对青少年的礼仪禁忌：不满15岁禁止使用雨伞；不满16岁禁止穿高跟鞋；不满17岁禁止戴耳环；不满18岁禁止穿黑色衣服（天鹅绒面料的黑色衣服除外）。

时尚只流行一时

有史以来第一次，衣服和配饰没有坏就会被丢掉。

穿长筒袜或光脚穿露趾鞋

水晶鞋

用制造飞机挡风玻璃剩下的透明有机玻璃制成的高跟鞋使女孩们为之疯狂。

我们都要去享受**夏日假期**。

——歌手克利夫·理查德

必须要遮住肚脐

如果你去不了夏威夷，至少可以带上一把遮阳伞，穿上有热带风花图案的衣服。

限制穿比基尼的法规

有些国家试图禁止人们穿着比基尼，或出台法规来限制比基尼的尺寸，但到了20世纪50年代末，比基尼已经成为度假的必备品。

20世纪50年代的颜色——棕色和钻石绿

永远要美足

在穿上夏天的凉拖鞋之前，要确保双脚处于良好的状态，剪短趾甲，将它们修成方形，并涂上红色指甲油。

遮盖严密的不随式泳衣

手包的盛宴

年轻人喜欢用可爱的彩色手包来装随身物品，例如这只新款午餐篮手提包。

准备去海滩

去一趟海滩意味着要准备一套从头到脚的装扮——泳衣、浴袍、草编渔夫鞋或凉鞋，以及一支红色口红。

一件式的奇迹

就像束腰衣一样，连体泳衣也有衬垫和支撑的嵌条，可以帮你塑造女神般的身材。

"选择**珍珠**
总**不会错**。"

—— 美国第一夫人（1961～1963年）和时尚偶像**杰奎琳·肯尼迪**，
珍珠首饰、平顶小圆帽和大太阳眼镜是她的标志性单品

皮革的故事

虽然石器时代的猎人身穿兽皮，但那是因为他们别无选择。而现在，皮革已经成为时尚界必不可少的奢华材料。

飞行员阿梅莉亚·埃尔哈特在1920年代穿过大西洋时身上穿的就是皮衣

地球上最古老的服装是早期人类所穿的皮衣和皮护腿，无论皮革上是否带毛，它们都能在天气转暖之前为你御寒保暖。后来，中世纪的商人想出了更好的方法来鞣皮或进行其他处理，使动物皮革更加柔软、柔顺，从而使手套和鞋子等皮革配饰变得更优雅、更令人向往。

几百年后，当第一次世界大战和第二次世界大战中身穿毛皮衬里皮夹克的飞行员成为英雄人物后，皮革服装真正流行起来。摩托车骑手和早期开敞篷汽车的驾驶员也开始穿戴皮革服饰作为保护。因为皮夹克总是与高速移动及危险联系在一起，所以皮革服装在现代社会成为酷帅的象征。

骑马风格

19世纪的女性身着薄如纸张的柔软麂皮衬裤骑马。

遮盖

在18世纪，如果想要遮掩脸上的伤疤或瑕疵，可以将皮革片切割成可爱的形状，如星星、月牙或小鸟，贴在脸上。

反叛

20世纪50年代，当时大多数人在白天都身着量身定做的套装，穿着皮夹克会被认为是相当激进和叛逆的。

5500年前的鞋子！

2010年，在亚美尼亚发现了世界上最古老的全包式皮鞋，它已有5500年的历史。更古老的皮凉鞋在美国密苏里州的一处洞穴中被发现，已有超过7000年的历史。

戴上手套

在18世纪初，皮手套几乎是女人最重要的配饰，尤其是对上流社会的女性而言。在公众场合不戴手套是不礼貌的行为。

古驰（GUCCI）的鸵鸟皮夹克定价超过1.3万美元。

时尚的气味
16世纪，西班人研制出在皮革中加入香水来制造香味手套的技术，这种手套成了欧洲王室炙手可热的潮流之物。

精致的、镂空的
20世纪80年代，出生于突尼斯的时装设计师阿瑟丁·阿拉亚用成色很好的薄皮革制作紧身连衣裙和套装，他用激光切割皮料，制作镂空的图案。

机器的力量
1790年，英国人圣托马斯为了改良缝纫皮革（而非布料）的技术而发明了缝纫机。

人造皮革的诞生
1963年，人造皮革被发明出来，其英文俚语名称"pleather"由plastic（塑料）和leather（皮革）两个英文单词拼合而成。

大小很重要
18世纪，评判完美女性的标准之一是有一双娇小的手，因此女人们努力把双手塞进小号的手套里。

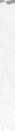

大众的力量
19世纪30年代皮革缝纫机引入法国之后，法国的鞋匠们担心他们会因为新技术失业而将机器全部砸毁。

别碰我的头发
大部分女孩都将头发梳成高高的马尾（非常适合调情时转身）。而男生们在打扮上花费了更多的时间，他们用发油将额发向上梳成飞机头或鸭尾式。

最后打一个优雅后的蝴蝶结

别碰我的飞机头

硬汉
穿皮夹克可能意味着你骑摩托车，而且是学校里的坏小子（也可能是坏小子的女朋友）。

马龙·白兰度是理想男神

蓬起的衬裙
裙摆越大越好，因此年轻人要穿多达3条衬裙，有时候穿的是裙撑。为了达到理想的效果，衬裙都要经过浆洗—— 一个方法是在衬裙上喷上淀粉或糖的溶液，并在阳光下将其晒干。

12000

猫王（埃尔维斯·普雷斯利）的每场演唱会平均有1.2万名尖叫的"博比短袜派"。

美国甜心
"博比短袜派"指的是喜爱穿伞裙和齐踝短袜的一批十几岁的时尚女孩。她们紧随时尚潮流，为弗兰克·西纳特拉、博比·达林等当时的歌星而疯狂。

高跟鞋上的毕业典礼
无论是毕业舞会还是学校派对，你都该穿上一双高跟鞋——女孩儿们可以通过仪态课来学习如何穿着高跟鞋走路。

带防水台的露跟高跟鞋

露趾高跟鞋

20世纪50年代的
摇滚小姐

青少年处于多么美好的年纪。有零花钱，有大量衣服可选，而摇滚乐也刚刚诞生。

曾经几百年间年轻人像他们父母一样穿衣服，在20岁之前就参加工作、结婚成家，而在20世纪50年代，一切都发生了变化。家庭更加富裕，青少年有更多的时间待在学校，尽情享受年轻的乐趣。英文中"teenager"（青少年）一词是近代才收录进字典的，但自从它"诞生"以来，青少年的力量便再也无法阻挡。他们痴迷于音乐、服装、舞蹈。学学他们充满活力的着装吧：有趣、性感，还带着一点点叛逆。

皮夹克

吊带式

伞裙

纱网衬裙

传统胶底运动鞋

搭配要点

♥ **雪纺围巾**　系在颈部，能将别人的视线吸引到脸部。

♥ **高帮鞋**　是年轻人的必备配饰，可爱得足以应对从高中舞会到通宵的舞会等各种场合。（穿20世纪50年代风格的高帮鞋，宜搭配短款、翻边牛仔裤，或圆形裙。）

黑色　淡粉色　水蓝色　白色　红色　柠檬黄

♥ **猫眼太阳镜**　毫无疑问是20世纪50年代的风格——蓝色镜片能将别人的注意力集中到你的眼睛上。

年轻人的**梦想**

20 世纪 50 年代,青少年都效仿猫王等摇滚偶像和詹姆斯·迪安、纳塔莉·伍德等电影明星穿衣打扮,女孩们梦想穿着能展示出她们舞步的新伞裙去学校的舞会。

魅眼
不管你穿什么衣服,一副猫眼形状的雷朋太阳镜(玛丽莲·梦露戴的那种)都会为你增添几分明星气质。

开车时
你开着爸爸的车外出时(要小心驾驶啊)需要一副深色的太阳镜,因为车窗用的不是有色隔热玻璃。

贵宾犬是非常受欢迎的宠物,贵宾犬形的钱包和有贵宾犬毛毡装饰的裙子也很受欢迎。

带有衬裙的宽摆伞裙

最可爱的服装
高中女生会相互炫耀她们在周末缝制的裙子,上面有花纹或贵宾犬图案。

将喜爱的图案缝在这里

尖头细高跟鞋(尖头皮鞋)

尽情享乐
大学女生有大把时间,她们穿着伞裙和细高跟鞋,抓住每个出去跳舞的机会。

> **如果你喜欢摇滚乐**，如果你能
> **感受到**摇滚乐，你的身体就会
> 情不自禁地**随之而动**。
>
> ——猫王

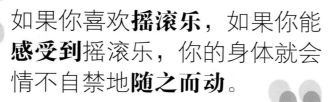

甜美的衬裙

为了能撑起裙摆，你需要在裙子里面穿一条多褶的衬裙。当你旋转起舞的时候，衬裙肯定会露出来，因此它越漂亮越好。

为着跳舞的盛装打扮

天鹅绒镶边短外套

全明星

匡威鞋最开始是打篮球时穿的鞋。在万人迷詹姆斯·迪安穿过之后，青少年开始为之疯狂。

舞蹈马拉松

青少年参加全天的舞蹈比赛，一对搭档跳几个小时的吉特巴舞，就为了赢取一座奖杯。

1957

1957年，首个青少年舞蹈节目《美国舞台》开始在电视上播出。节目中用的是热门摇滚单曲，引发了风靡全美国的舞蹈潮流，并且推出了新的音乐表演组合。

"叛逆少女"

"叛逆少女"最早出现于英国，她们有自己独特的穿衣风格：修身长裤、芭蕾平底鞋和古怪的配饰。

独一无二的吊坠手链

女孩可以佩戴吊坠手链，用上面的吊坠记录生命中的重要时刻，彰显个性。

成为**崔姬**

20世纪60年代，只有16岁的莱斯莉·霍恩比（又名崔姬）成为炙手可热的的模特，她以男孩风的洋娃娃造型而出名。

在崔姬之前，模特的造型是完全不同的。时尚杂志青睐长发或留着几何波波头，画着浓妆的精致女孩。

1966 年崔姬出现了，因为买不起精品时装店的华服，这个竹竿般细瘦的女孩自己制作衣服。崔姬的男朋友认为她能成为一名模特，他带她找到一位聪明的发型师把她的头发剪短了。

剪了短发的她看起来像个小男孩，但又长了一张带有雀斑的洋娃娃似的脸，大眼睛上戴了 3 层假睫毛，她带来了全新的造型。所有的时尚杂志都希望崔姬能成为自家的封面女郎。她的两件秘密武器是笔直修长的双腿和小鹿斑比一样无辜的眼睛，身体各个部位都平平的，没有曲线。

眼睛就是一切
用眼线笔沿上眼皮描画出猫眼的轮廓。小心地在下眼睑的真睫毛之间画出一些假睫毛。贴上假睫毛或者多涂几层睫毛膏（它们黏成一簇簇的也没关系）。

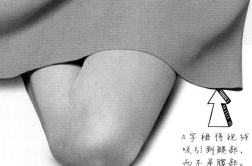

A 字裙将视线吸引到腿部，而不是腰部。

塑料取代了被捧爱的"太空时代"的未来感

醒目的条纹使你更有范儿

大耳环引人注目

圆高领平衡了剪裁过短的迷你裙

清爽简单的A字形

愿望清单

★ 短发　别在耳后或将长发向后梳成干净利落的发髻。

璞琪天鹅绒手包上的细节

★ 迷你裙　不论是直筒形的还是A字形的，不露出乳沟，腰线松散。你敢穿多短就穿多短——所有注意力都在你的腿上。

★ 光腿　或穿浅色连裤袜搭配低跟鞋或长靴。

及膝靴子，与迷你裙是绝配

对迷你的**狂热**

20 世纪 60 年代的服装奇妙而有趣。女孩儿们不再像妈妈那样穿衣服，她们加入了一场时尚革命。服装开始由"太空时代"的塑料制成，裙摆短到了让人晕倒的长度。

迷幻风格钱包
+
好比强烈
的颜色
=
在迪斯科灯光
下远看现实

迷幻风格钱包
青少年反抗一切乏味无趣的事物。他们喜爱撞色和梦幻般的图案。

塑料服装
这些服装会让你汗如雨下，无怪乎20世纪60年代除臭剂的销售量一度激增。

价格低廉且防水

就要穿这个
必备单品：一条闪亮的带拉链的PVC（看起来像漆皮，但实际是塑料）迷你裙。

塑料真奇妙
1969 年人类成功登月之后，时尚人士开始痴迷于各种形状像行星的"太空时代"风格配饰。

灵感来源于波普艺术家安迪·沃霍尔

汤罐头和裙子
这是一条用纸做成的裙子，上面印满了汤罐头的图案。这条迷你裙是金宝汤公司为推广产品而设计的特殊服装。

纸内裤
只穿一次就扔掉。时尚作家预言，未来我们都会穿纸做的服装。

一擦就干净的塑料

鲜艳的靴子
像这双玛丽·匡特靴子的芥末黄一样回头率超高的颜色，让双脚替你表达自我。

> 除了**每个人都盛装打扮起来**，20世纪**60年代**什么都**没发生**。
>
> ——披头士成员约翰·列侬

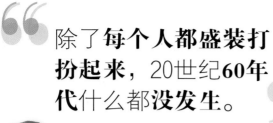

鹅黄
这个年代的颜色是积极的、有趣的——黄色、红色和橙色，或者太空银及太空白。

秀腿的时代
随着裙摆变短，连裤袜取代了长筒袜，成了装扮中必不可少的一部分。

一些学校，甚至整个国家，都在试图禁止迷你裙。

迷你裙　中长裙　长裙
在迷你裙和1969年的超短裙风潮过后，中长裙和长裙的时代到来了——大多数女孩每种都有几条。

低跟爛鞋搭配连裤袜

极度**迷人**

20 世纪 70 年代的时尚一点都不单调，也没受到极简抽象派风格影响，一切都是鲜艳、闪耀的，夸张至极。裙子很长，鞋跟很高，色彩招摇。

连长裙很长配与其脚套的头巾

我的超级配饰
每个人的衣柜里都要至少有一件由天鹅绒或平绒（仿天鹅绒）制成的配饰，如帽子、包袋或鞋子。

金色锃亮潮潮象心

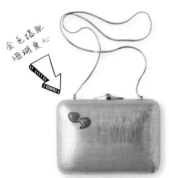

耀眼夺目
跳迪斯科需要佩戴闪耀的配饰，它们能在舞池的迪斯科灯光下闪闪发亮。

只要你敢
热裤风潮来势凶猛。一家航空公司甚至让空姐工作时穿着超短的橙色热裤。

巧克力色和印花——经典的20世纪70年代风格

可怕的喇叭裤
喇叭裤的裤腿越来越宽。最宽的喇叭裤裤腿可宽达 46 厘米，是名副其实的"象腿"。

裤脚必须触及地面（在穿着松糕鞋的情况下）

嬉皮时尚
长裙不再只属于夜晚，你可以在任何场合任何时间穿长裙——不过穿着长裙乘坐公共汽车还是有点危险。

我们来到了时尚的**新世界**。

——《时尚》杂志，1971年

古怪的靴子搭配时尚的杂文

坏品位就是潮流

再没有什么该穿、什么不该穿的规则，没人因为穿了一双古怪的靴子而感到难为情。

1976

1976年，瑞典流行乐队ABBA发行了单曲《舞蹈皇后》。歌手所穿的白色缎面睡衣裤成为当时跳迪斯科的潮流服装。

黛安娜·罗斯给出了舞池女王的服装清单：紫色莱卡连衣裙、包头巾、珊瑚色指甲扣粉色长圆筒形羽毛围巾。

100%合成纤维——小心静电

万花筒般的色彩

橙色具有压倒一切的地位，特别是在配饰的用色上。根本不存在朴素的手包。

踩高跷

当时的裤子裤腿肥大、裙子很长，唯一能与之相配的鞋子就是松糕鞋。

伦敦朋克（穿红色衣服的是薇薇恩·韦斯特伍德）

为晚上出门而画的夸张的戏剧性妆容

价值观的冲击

朋克风格的理念是使用色彩浓烈的妆容和发型，让自己尽可能看起来古怪。朋克想让所有人知道他们不想迎合正常社会。

自己动手

连锁店里不卖朋克风格的服装。有些小精品店会卖朋克风格的单品，但大多数朋克买回基础款的衣服，自己动手改良——撕口、剪裁、加上徽章和别针。

金属风

带尖刺的腕带和颈链，以及铆钉皮带，也是一种搏出位的方式。在身体上打孔也是叛逆的一种表现（尽管这种做法是从去过印度的热爱和平的嬉皮士那里学来的）。

打扮起来

朋克痛恨喇叭牛仔裤，对他们来说这象征着"弱爆了的嬉皮士"。在朋克出现的初期，很难买到直筒牛仔裤，因此朋克们变得擅长剪裁、缝纫，他们将喇叭裤改造成紧身小脚裤。

靴筒极高，裤筒极短

铆钉腕带表明你是个硬汉

8 最早的朋克马丁靴——黑色4660款有8个孔

工装靴

朋克们为何如此愤怒？他们认为，作为工人阶级的年轻人在生活中没有足够的机会。因此他们选择了工厂中劳作时经常穿着的工装靴——马丁靴，来表达他们的感受。

独特的黄色车线

朋克精神

走朋克风不一定要真的愤怒，但朋克毫无疑问是有态度的。因为这是它的根基。

朋克音乐先于朋克时尚出现。朋克音乐是为了反对20世纪60年代倡导"爱与和平"的嬉皮士而产生的。当20世纪70年代大多数人还穿着喇叭牛仔裤和鲜艳的衬衫时，大胆激进的朋克音乐人却已穿起烟囱形牛仔裤和破烂的T恤。他们的音乐很快从纽约传播到伦敦，在那里，在超级设计师马尔科姆·麦克拉伦和薇薇恩·韦斯特伍德的影响下，朋克风潮终于形成。

如果你胆够大，把头发染一下

定制T恤

带铆钉的手包

漂白的破洞牛仔裤

机车靴

搭配要点

★ 宽皮革腕带　搭配无袖上衣效果最佳。

★ 别针　是改造服装的终极武器（它们能将服装连在一起，还能增强装饰效果）。

漂白牛仔蓝　蓝色　白色　红色　黑色

★ 带尖刺的指环　看起来凶狠，但它只是装饰。戴上一个或几个来展现你叛逆的一面。

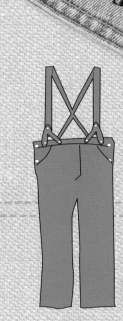

牛仔布 的故事

牛仔裤因美国牛仔和摇滚明星而出名，成了现在地球上人手一条的流行单品，但牛仔布的传奇可谓历史悠久。

牛仔布的英文名字"denim"被认为来源于法语单词"Serge de Nimes"（斜纹哔叽布料），这种布料从17世纪开始被欧洲人用来制作实用的农场工作服和装饰。直到1837年，美国商人李维·斯特劳斯和裁缝雅各布·戴维斯用小铜铆钉加固缝口，做出世界上第一条牛仔裤后，牛仔布才真正开始流行起来。最早穿牛仔裤的人是那些从事艰苦体力劳动的男性，如牛仔和筑路工，因为和其他布料相比，牛仔布要耐用得多。到了20世纪30年代，牛仔裤开始变成一种时尚潮流，这或多或少和牛仔电影的影响有关。而当20世纪50年代摇滚明星猫王和好莱坞酷哥詹姆斯·迪安、马龙·白兰度穿着牛仔裤演出之后，牛仔布开始成为年轻和反叛的首要标志。

耐用的铜铆钉

根据2008年《全球生活方式调查》显示，世界上大多数人每周至少有3天都穿着牛仔布制成的衣服。

超级贴身
玛丽莲·梦露是20世纪50年代初最早掀起紧身牛仔裤风潮的女性之一。她从海军军用剩余物资商店买了一条男装牛仔裤，穿着它走进海里，让海水完全浸湿裤子，然后躺在阳光下晒干，使它像第二层肌肤一样合身。

最早的牛仔裤
早期的牛仔裤跟工装背带裤很相似，因此被称为"背带牛仔裤"。不过它们不带上装，只从腰开始。

牛仔裤革命
2005年东欧的白俄罗斯人开始了被他们称为"牛仔裤革命"的抗议，来反对总统选举的不公。民众用牛仔布衬衫做成旗帜，象征自由。

标牌的欲望
在1922～1991年的苏联，几乎很难买到牛仔裤，于是苏联的年轻人会请求游客将穿着的牛仔裤卖给自己，或从走私者手中购买牛仔裤，但他们只购买后袋上带有美国标牌的牛仔裤。

一见钟情
从第二次世界大战开始，美国士兵在不执勤时穿着牛仔裤，使许多欧洲人和亚洲人第一次见到牛仔裤，引发了对牛仔裤的巨大需求。例如在英国，大量青少年聚集在码头等待美军舰船进港，希望从上岸的海军士兵手中购买牛仔裤。

拉链牛仔裤

1954年，李维·斯特劳斯推出了第一条拉链牛仔裤，在此之前，牛仔裤都是系扣的。

叛逆青春

20世纪50年代，美国的一些中学禁止学生穿牛仔裤。但到了1958年，根据当时报纸的报道，90%的青少年去哪儿都穿着牛仔裤，"除了上床睡觉和去教堂"。

设计师手中的牛仔布

在20世纪90年代初期，詹尼·范思哲成为第一位用牛仔布制作高级时装的设计师。他用牛仔衬衫搭配由昂贵丝绸和蕾丝制成的晚装长裙，将剪裁过的牛仔夹克罩在奢华的舞会礼服外面：每套服装都价值几万美元。

最初的男友风牛仔裤

1934年第一条女装牛仔裤出现之前，女性从丈夫或兄弟那里借来牛仔裤穿——这是男友风牛仔裤的由来。

钻石的快乐

世界上最贵的一条牛仔裤价值130万美元，裤子后袋上镶嵌了15颗巨大的钻石。这条裤子的品牌是洛杉矶的"秘密马戏团"，于2008年被一位神秘买家买走。

牛仔梦

德国法兰克福的一家酒店在每个房间都装饰了牛仔布。从牛仔布拼接地毯到仿牛仔布花纹做旧壁纸，从蓝色牛仔布床罩、枕套到牛仔布花纹的浴缸。

牛仔布汽车

1974年，美国汽车公司推出了一辆李维斯轿车，装有牛仔布花纹座椅，搭配橙色缝线和李维斯的红色贴牌。

到处都是牛仔布

19世纪80年代的一个室内设计趋势是使用蓝色的牛仔布做墙布和装饰家具，例如用来做四柱床的床罩或桌布。

原始蓝色

牛仔布的蓝色最初来自一种名为靛蓝的染料，这种染料提取自热带植物。在很长一段时间里，它因易给织物上色而成为最受欢迎的天然染料，但今天大多数的牛仔布都使用更便宜的人工染料来上色。

经过发酵和挤压的蓝草看起来像石头一样

成为**麦当娜**

她称霸流行音乐排行榜 30 年，至今仍不断给歌迷惊喜，
但麦当娜真正的天赋是懂得利用时尚的魔力来打造永远
新潮的形象。

麦当娜号称"百变女王"，因为她每张 MV 专辑都有一个
全新的造型。她引领着 20 世纪 80 年代的街头时尚，青
少年紧跟她的时尚脚步。当时的主流风格是保守的，可
能是受到戴安娜王妃或者是职场女强
人的影响。

在麦当娜音乐生涯的早期，她将不
同的风格融合在一起，打造出独一无
二的个人形象。她的标志性造型结合了
维多利亚哥特风、芭蕾舞蹈服和多彩的霓
裳风。她的衣饰清单中的典型物品有：露脐
装、紧身裤、钉珠和橡胶配饰、束腰衣、十字
架项链、渔网袜和印花方巾。尽管一开始她穿的是
便宜的一次性衣服，走乱糟糟的邋遢风，但随后就转
而穿杜嘉班纳和让·保罗·高缇耶等知名设计师设计的
服装。

完美的眉毛

麦当娜一直拒绝让别人为
自己修眉，直到她的时尚
摄影师朋友史蒂文·迈泽
尔说他讨厌她的眉毛之
后，麦当娜才请化妆大师
弗朗索瓦·纳尔将它们修
成细细的形状。

向后梳的刘海
和超大发饰

层次裁剪

有凯斯·哈林涂鸦
图案的大图案T恤
和弹性超短裙

高缇耶设计的缀亮片锥形胸衣

拉拉队短裙

男装上常用的乔役扣贻群女郎流苏

十字架和玫瑰经串珠顶链（来自她的祖母）

半指手套

剪短的紧身裤

愿望清单

★ 橡胶腕带　麦当娜很好地演绎了这一风格，将它们堆叠在一起和手链一起戴，它们随后成为主流时尚。

★ 黑色紧身裤　麦当娜衣橱中的必备单品，既有长款，也有短款，可搭配迷你直筒裙或溜冰裙。

★ 棉制头巾　帮你完美打造最新版本的麦当娜经典发型，在爆炸头上绑一圈头巾是20世纪80年代的标志性形象。

女强人的**穿着**

在20世纪80年代，强大意味着一路摸爬滚打在工作上得以晋升，并越来越适应这种快节奏。时装设计师和运动服装品牌都随着这种潮流设计出与之相匹配的服饰。

色调柔和的护腿缠叠在一起

"凶猛的"配饰
黑色皮革和银色锁子甲是一种强硬的组合，非常适合都市女强人。

宽大的领口使肩膀外露

穿紧身练功服的女性
女演员和健身专家简·方达向女性展示了20世纪80年代参加健身课的着装。

舞出美妙
电影《闪电舞》中女主角所穿的运动服和芭蕾舞服形成一阵流行风潮。

有力量的手镯
金色宽手镯是20世纪80年代女强人的完美配饰。

曲线毕露
为了炫耀健身的成果，连衣裙变得更紧身，更有贴身感。

胶底运动鞋怪人
每个人都穿着簇新的白色运动鞋，就像嘻哈说唱乐队 Run DMC 穿的那种。透气带使鞋的造型更完美。

想要**被人当回事儿**，你就需要把你的发型当回事儿。

——电影《上班女郎》中
特丝·麦吉尔的台词

热肩=权很强大

拒绝小巧
黄金和珍珠项链让你看起来像富家女，珍珠越大，越有钱。

蓝宝石——戴安娜
王妃的最爱

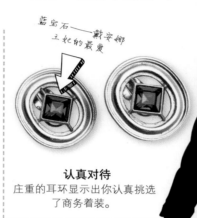

认真对待
庄重的耳环显示出你认真挑选了商务着装。

名牌包
一个非常昂贵的手包（尤其是爱马仕）会显得你很有钱。

职业女性的梦想
托特包（必须是棕黄色的）

直筒及膝裙——工作制服

1985

1985年，美国最热门的电视连续剧《豪门恩怨》讲述了几个衣着时尚迷人的女人勾心斗角的故事，这部剧引领了当时全球的流行趋势。

充满力量的尖头高跟鞋

"坏"女人
尖头细高跟鞋看起来很危险——这可是恐吓男同事的完美利器。

包的故事

自从口袋落伍之后，女性就开始把她们的随身必需品放在钱包、手袋、腕包、挎包和其他许多种类的包中，这些包的设计都是和生活方式相匹配的。

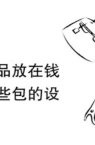

18世纪

可爱而简单

当时的女性只需携带硬币和钥匙，一个小袋子就足够了。

19世纪早期

从中间握住

小心翼翼的买家

这只19世纪的"吝啬鬼"钱包有隔开金币和银币的隔层，以防它们混在一起。

1887年

长毛绒钱包

到了19世纪80年代，因为女性有更多的时间购物、社交和旅行，包也越变越大。

20世纪40年代

充排场

在饱受战争摧残的20世纪40年代，皮革稀缺，但仿羊羔皮可以伪装出奢华的皮革效果。

20世纪50年代

非常适合装化妆品

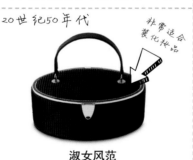

淑女风范

一个做成小化妆箱形状的规整的手包能使任何着装都看起来很精致。

20世纪60年代

充满野性

豹纹是20世纪60年代的主流风潮，出现在外套、围巾、及膝长靴和包袋上。

20世纪80年代

要金色、要大胆

在浮华的20世纪80年代，金色、黑色和亮片是夜晚必不可少的时尚元素。

20世纪80年代

塑料"锁子甲"

盔甲之夜

设计师帕科·拉巴纳借鉴了中世纪锁子甲的概念，将数百个塑料片用金属环连起来，制成手袋。

20世纪80年代

奢华的运动风

20世纪80年代的背包改头换面，它们不再只在徒步旅行和骑车时才能出场，而是摇身一变，成为高端时尚配饰。

> 它只是一个**小包**，但**缺了它**，我们就好像在公众场合**光着身子**。
>
> ——电影《欲望都市》中凯莉的台词

1919年

指尖的小可爱

20世纪初期流行的这款迷你手指钱包能用一根手指勾住。

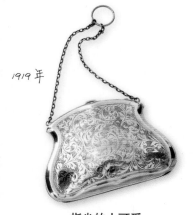

20世纪30年代

表达自我

设计师在20世纪30年代开始从艺术中寻求灵感，使手包成为表达个性的配饰。

20世纪40年代

另一种形式的"移动电话"

电话形托特包

超现实主义风格的包保证为你赢得回头率，又表现出幽默感。

20世纪60年代

明星气质

爱马仕的"凯莉"包得名于女演员格雷丝·凯莉，她在出演一部电影时用过这款包之后，就深深地爱上了它。

20世纪60年代

传奇的双"G"标志

华丽的古驰

古驰是20世纪60年代最具诱惑力的品牌之一，很多电影明星和当时美国的第一夫人杰奎琳·肯尼迪都提过古驰包。

20世纪70年代

色彩大爆炸

意大利品牌璞琪鲜艳的抽象图案与20世纪60～70年代的氛围相当契合。

20世纪80～90年代

渴望铂金包

这款爱马仕铂金包因女演员简·伯金而得名。20世纪80～90年代，人们要在预订名单上等上几年才能买到它。

20世纪90年代

原装货

从20世纪80～90年代开始，路易·威登的包就是世界上被仿造最多的奢饰品之一。

1999年

克里斯蒂安·迪奥的大热手袋

1999年约翰·加利亚诺设计的马鞍包原型来自于老式的骑手工具包。

懒人风格

参加摇滚音乐节和通宵狂欢时，一顶无檐毛线帽是必备单品——不仅保暖，还能遮住该洗的油腻的头发（垃圾摇滚乐迷不在乎形象，只在乎音乐）。

高价标签：丝绸格子衬衫

奢华的邂逅

在1993年佩里·埃利斯的品牌时装秀上，马克·雅可布将垃圾摇滚风格转化为昂贵的高级时尚。百货商店的买手讨厌这种风格，但马克才不管呢。

流浪汉的时尚

叠搭是垃圾摇滚风格的核心，而垃圾摇滚界的超级乐队——涅槃和珍珠果酱开创了这种风格：古着乐队T恤、格子衬衫、二手服装店淘来的开襟毛衣、半指手套和超大号短外套。

"垃圾摇滚风格就是……我们没钱时候的着装方式。"
——设计师让·保罗·高缇耶

布袋裤

工装裤、宽大的灯芯绒裤或低腰破洞牛仔裤都是西雅图垃圾摇滚风格的基础单品——同一条裤子要穿很多天（或很多周）。

微薄的预算

真正的西雅图垃圾摇滚人只需要一双鞋就够了——多一双都是奢侈。8孔马丁靴很受欢迎（或者素食主义者的非皮革经典匡威鞋或范斯鞋）。

买一双二手靴，这样它们就能看起来旧旧的

战靴既便宜又能应付泥泞的狂欢节

无檐针织帽是垃圾摇滚风格必不可少的单品

飘逸的直发

穿着**随便**

1989 年,垃圾摇滚乐在美国西雅图诞生,很快,乐队歌手所穿的格子衬衫和无檐毛线帽便成为主流。

自从垃圾摇滚风格开始流行,它一直悄悄影响着时尚。有四个原因可以很好地解释这一点:一、休闲服装非常舒适。二、叠搭使服装搭配更具灵活性。三、非常省钱,因为大部分衣服都可以用二手的。四、马克·雅可布最早将垃圾摇滚风格带到T台上,使其成为高级时尚,并在之后的很多设计中加入了格纹等垃圾摇滚元素——马克做什么,其他人都会纷纷效仿。

层叠搭配的T恤、短外套,还有其他从二手服装店淘来的衣服

系在腰上的格子衬衫

短靴(可搭配条纹的袜子)

搭配要点

♥ **文身项链** 部落文身(实际上,任何文身都行)是西雅图垃圾摇滚风格主要的组成部分——或选用弹性文身项链假装一下。

♥ **剪短的牛仔裤** 做旧效果的牛仔短裤,冬天穿在连裤袜外面,夏天则露出双腿搭配战靴。

黑色	紫红色	棕黄色	芥末黄色	军绿色

♥ **法兰绒衬衫** 灵感来自美国伐木工在森林中作业时所穿的条扣衬衫。将扣子解开,把衬衫衣角系在腰间,随便哪种都是真正的垃圾摇滚着装法。

都市冲突

20 世纪 90 年代，时尚经历了个性危机。除了垃圾摇滚风之外，学院风（回归校园的学生着装风格）、古着波希米亚风、瘦削并有贴身感（最适合超模的身材）和运动休闲风也有不少人追崇。

花卉图案配裙子穿，你才不在乎呢

黑与白
如果在20世纪90年代只能买一件衣服，那一定是黑白相间的短款紧身上衣。

休闲的魅力
双肩背包代表你走的是休闲风，而选择皮革双肩背包意味着你更多了一点时髦。

从垃圾摇滚风格到常春藤联盟
学院风女孩喜欢穿格纹迷你裙（但她们宁死也不会穿垃圾摇滚风的格子衬衫）。

T台上的垃圾摇滚风格设计（好打理但价格高）

永恒的路易·威登
走垃圾摇滚风格女孩拎着二手服装店买来的单肩包，其他人则渴望路易·威登的托特包。

时代的设计师
詹尼·范思哲是20世纪90年代的宠儿，他设计的修身连衣裙有女人味，又有强大气场。

你愿意当'时装奴'还是着装被人'指指点点'?

——谢尔·霍罗威茨在电影《独领风骚》中的台词

看起来就像你的上衣塞进了牛仔裤里

弹力接面织物 + 手工印染花朵 = 20世纪90年代末迷人的贴身感

紧身衣热潮
女士连体衣是这 10 年来最不舒适的东西——衣服下端有按扣。

"辣妹"组合的首支单曲拿到了1996年世界流行歌曲榜第一，她们在时尚方面也有同样大的影响力——一位是穿运动鞋的运动风，一位是穿细高跟鞋的时尚风，另外3位成员穿着底非常厚的松糕鞋。

时尚的运动风
设计师唐娜·凯伦开始尝试休闲街头服装风格，制作加入运动元素的时装。

最难忘的时刻
1993年，超模娜奥米·坎贝尔踩着薇薇恩·韦斯特伍德设计的有25厘米高防水台的高跟鞋走T台时摔倒了。

再见，邋遢的随意，你好，美妙的浪漫

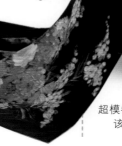

身体之美
超模都超爱杜嘉班纳，她们通过为该品牌走秀来换取它的时装。

秀场前排

T台上的表演令人惊艳，但真正的时装秀却在秀场前三排——这才是价值所在！在这里，有为了抢礼包而出现的混乱，也有两位名人撞衫时噩梦般的"双胞胎时刻"。谁能得到前排的座位，而谁又被挤到后面？

博主

去年坐第7排，今年多了了200万粉丝，挤到了第4排，还能去后台采访设计师。

模特

凌晨2点起床试穿。1分钟走台，3分钟换下一套衣服，踩着小两号的高跟鞋走秀。

名媛

这个富人区女孩每季都买下大量新品。设计师亲切地称她为自己的"缪斯"，在构思新款服装时总会考虑到她。

时装秀制作人

做大预算！其中包括为给名人美颜而打柔粉色灯光，租用场地，聘请发型师、化妆师和模特等，一个10分钟的秀每秒钟的花费高达150美元。

编辑（女魔头）

能得到看秀最佳位置，在T台2/3处。豪华轿车能停在场外，因此，她踩着能杀死人的超高高跟鞋不用走太远。

明星

来坐飞机头等舱前来，这样他就能在新款服装系列里任意挑选了。这一切都是值得的。只要他在秀场的照片进入公众视野，当时他所穿的款式就会热卖。

一切都是为了观众。

——设计师卡尔·拉格斐（老佛爷）

其他编辑

现在她的杂志不如以前那么受欢迎，再加上她给这位设计师上一季秀的评价一般般，因此，这次她的座位更靠后了。

礼包

编辑把赠送的礼包留给坐在后排的助手，而助手已经抢到富裕的礼包在网上卖了。

摄影师

照相机联网，因此照片直接上传到杂志、报纸和网站。前排的照片已经能在网上看到——坐在前排的人们为他而装扮。

有影响力的买家

大型百货公司买手，她既能成就一位设计师，也可以高捧他。为橱窗陈列寻找优秀的基础单品、有趣的配饰和绝妙的裙子。

抄袭者

她偷偷地将T台上走秀的衣服用手机拍摄下来，或在网上看流出的设计款。5周之内，就有仿品在商店中出售了。

竞争对手的编辑

她曾经是"女魔头"的时尚总监，现在却为另一家杂志工作。两人总是分坐秀场两头。

我这一天：

T台走秀模特

19 岁的法国模特玛琳·德里伍过着许多女孩梦寐以求的生活，但模特并不仅仅意味着高收入和免费的服装。她们早出晚归，并没有太多自己自由支配的时间。

玛琳·德里伍
顶级模特

早晨6点

玛琳正在整理床铺，她和同一个经纪公司的其他几位模特一起住在这套法国的公寓里。

上午9点

早上，她的经纪人已为她安排了今天晚些时候的走秀面试。玛琳坐车穿城去往工作室。

下午八点

所有模特到后台时都必须是干净的素颜，以便化妆师上妆。

下午二点

把玛琳的头发从中间笔直分开，再编成辫子状的发髻大约需要一小时。

下午3点

玛琳正在试穿设计师设计的金色细带凉鞋。鞋跟很高，但她已经习惯了。

> 在我不用工作的日子里，我要**忙着完善自己的形象**。我去健身房运动，我**预约了美容**。我必须**为了下一份工作而努力**，保持自身形象，就像一名运动员那样。
>
> ——超级模特琳达·埃万杰利斯塔，2012年

上午10点

设计师祖海尔·穆拉德正在为一场秀选角。玛琳穿上他设计的一条裙子，等待面试。

上午11点

她太完美了！祖海尔为最终的试装做了最后的微调。

中午12点

在时装秀开场前通常有三个小时的等待时间。玛琳出来透透气，顺便给家里打个电话。

时装秀已经准备得很充分了，但还有几套服装需要调整。

下午4点

气氛令人紧张兴奋，看不清前排的那些名人的脸。玛琳只管走就好了！

下午6点

时装秀结束之后，玛琳直奔机场，搭飞机前往纽约参加时装周。

成为 凯特·莫斯

刚出道时的凯特·莫斯，只是一个罗圈腿、平胸、牙齿不齐、头发邋遢的校园女生，而今天，她已在全球掀起属于自己的时尚潮流。

她的时尚穿搭结合了摇滚风和小姐风，被全世界的女孩们所效仿。她与连锁商店和奢侈品牌合作设计的款式也常常销售一空。凯特成功的秘诀是什么？她从不穿得非常完美或过分修饰，她也绝不会从头到脚都穿着时装。青少年时期的凯特买不起奢华大牌，所以她学会了如何在二手商店中淘货，并将它们搭配在一起。

凯特在肯尼迪机场被一名模特经纪人发掘，当时她年仅14岁。传奇时尚摄影师科林·戴使她成名。镜头下的她看起来就如同一个星期六早晨的普通少女，脸上带着甜蜜的微笑，头发凌乱，充满不施脂粉的清新和毫不造作的随意。她自然，甚至有一点邋遢，而这些与20世纪90年代初英气的超模截然不同。

为耍酷而戴的太阳镜

个性外套，穿时要将手揣在大衣口袋里

完美的紧身扫滚牛仔裤

慵懒的西部风格齐踝靴

超级造型
自然分开、松散、稍显凌乱的头发（用发刷向后梳）赋予了凯特完美的"睡不醒"发型。只画最基本的彩妆使她看起来毫不做作。凯特喜欢猫眼妆，她用眼线笔贴着睫毛根部画眼线，再用眼影刷将其晕开。

经典的凯特
凯特对修身牛仔裤的热爱对这种风潮流行了10年功不可没。

音乐节时尚

凯特在2005年的格拉斯顿伯里音乐节第一次穿着马甲、短裤和"猎人"牌雨靴，这成了她被模仿最多的着装。

经典的男装风格，适合女性身材的剪裁

西装短裤或牛仔短裤

橱窗着装

凯特在拓扑肖普（Topshop）橱窗里宣传自己的新服装系列时，她选择了受欢迎的带有20世纪30年代灵感元素的裙装。

缀有珠宝的精致饰品增添了个性

颜色出乎意料的复古风连衣裙

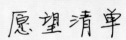

不管是平底鞋还是高跟鞋，都要走出自信

"猎人"牌雨靴是音乐节必备单品，即使不下雨也要穿

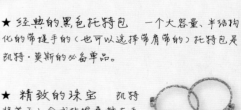

愿望清单

★ 豹纹印花　20世纪50年代动物印花开始流行，从那以后就没有退出过时尚舞台；学着凯特的穿搭，用豹纹印花的外套、围巾、鞋子或包搭配基础款黑色单品。

★ 古着连衣裙　凯特的二手服装常常是设计师款古着，在二手服装店和市场能淘到便宜货。

★ 经典的黑色托特包　一个大容量、半结构化的带提手的（也可以选择带肩带的）托特包是凯特·莫斯的必备单品。

★ 精致的珠宝　凯特将若干小金戒指堆叠戴在手上，因此她的着装看起来从不会过于正式。

现代着装

现代女性拥有的衣服几乎是20世纪80年代女性的4倍，而且我们就是无法抑制扫货的冲动。人均每年购买的服饰单品数量从1992年的50件上升到今天的100多件，但我们因此看起来更时尚了吗？

19世纪中期，**缝纫机被发明出来之后**，缝制衣服的速度更快了——原本手工缝制需要1个小时的衣服，现在用机器只需要10~15分钟就能做出来。因此，衣服变得更便宜，女人们买衣服的数量也比之前更多。今天，我们比以前能买得起更多的衣服，这是因为制造成本低，特别是在亚洲，也就意味着商店里的衣服便宜了。但自从对不安全的工作环境和雇佣童工的报道越来越多，人们开始更多地思考他们的衣服在哪里做出来，又是谁加工生产了它们，并质疑"便宜"是否就是好，是否就必须买。

★ 在80%的时间里，我们只会穿衣橱里20%的衣服。

★ 时尚设计师曾经每年设计两个系列的新品——夏季新品和冬季新品。但现在他们每年要推出18个系列的新品。

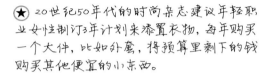

★ 20世纪50年代的时尚杂志建议年轻职业女性制订3年计划来添置衣物，每年购买一个大件，比如外套，将预算里剩下的钱购买其他便宜的小东西。

★ 现在的家庭衣橱空间是20世纪50年代的3倍。

★ 一位女性衣橱里挂的衣服有多达22件从未被穿过——甚至吊牌都没拆。

★ 环保组织越来越担心生产和运输服装要耗费太多能源，以及有太多被丢弃的衣服最后进入了垃圾填埋场。

★ 女人的衣服是男人的3倍。

★ 瑞典人每年买新衣服的数量几乎比其他任何国家的人买的都多。

★ 一些商店设立了回收箱，不想要的衣服可以选择不再扔进垃圾堆。

★ 每年有800亿件衣服被生产出来。

十款一季

如果你想要更精简的衣橱，试试"十款单品胶囊衣柜"吧——法国女性保证这个方法有效。你只需要 10 件主要单品度过夏天,再需要 10 件度过冬天。这些核心服装能混搭出至少 30 套服装。

你的 10 件
必备单品

② 条牛仔裤，或者1条牛仔裤、1条其他材质的长裤

① 条短裙或短裤

④ 件与下装搭配的上装（记住颜色搭配方案）

① 件开襟毛衣或套头毛衣

① 件短外套

① 条连衣裙

选择一种颜色搭配方案，如灰色、白色和蓝色，然后开始混搭

鞋子、首饰和长外套等。

全球T台

巴黎作为世界时尚之都已有 300 多年的历史了，但今天它的时装秀面临着更多的竞争。从伦敦到悉尼，世界上的许多城市都举办了自己的时装周，展示本土的设计。

法国巴黎
2月、3月和9月、10月

从17世纪70年代法国出版商出版了最早的时尚杂志开始，世界就一直跟随法国的潮流。最早的时装秀也在这里举办，由著名的女装设计师查尔斯·弗雷德里克·沃思发起，此后巴黎一直以创新和优雅的设计享誉世界。

意大利米兰
2月、月和9月、10月

意大利时装周最初于1951年在佛罗伦萨举办，它非常成功，以至于城中都没有能容纳足够多人的场地。因此，时装周在1958年转移到米兰举办。意大利时装以迷人的魅力、奢华的面料和精良的剪裁而著称。

英国伦敦
2月、3月和9月、10月

伦敦时装周最初于1984年在伦敦西区一座停车场里举办，约翰·加里亚诺、亚历山大·麦昆、斯特拉·麦卡特尼和超模凯特·莫斯都在伦敦时装周打响了名气。它与巴黎、米兰和纽约的时装周齐名，现在伦敦被认为是最前卫、最富有街头时尚设计灵感的地方。

美国纽约
2月和9月

纽约时装周开始于1943年，当时是为了推动时装业的发展，因为第二次世界大战期间美国时装买手和记者无法前往巴黎。这座城市因生产简化的分体装和运动服而著称。

巴西圣保罗
3月和10月

超模吉赛尔·邦辰14岁在圣保罗开启了她的职业生涯。在这里，你能看到色彩鲜艳的衣服、皮革制品、现代珠宝和露出大片肌肤的设计。

瑞典斯德哥尔摩
1月、2月和8月

时尚编辑和买手在等待纽约、伦敦、米兰和巴黎等地举办的主要时装周开始之前，会涌向这座斯堪的纳维亚时尚之都，寻找高品质、简约时尚而又非常实惠的服饰。

俄罗斯莫斯科
3月和10月

尽管俄罗斯人位居世界上最大的时尚消费群体之列，可他们的本土设计师却鲜为人知。不过，俄罗斯服装的华丽和面料的丰富性却给20世纪20年代的许多设计师带来了灵感，20世纪70年代的伊夫·圣罗兰的设计和路易·威登、香奈儿的新系列中都有俄罗斯服装的影子。

土耳其伊斯坦布尔
3月和10月

土耳其地跨欧洲和亚洲，这里的时装设计师设计了两种风格的服饰——追随西方时尚的服饰和伊斯兰服饰。

中国北京
3月和10月

中国的年轻人热爱外国的奢侈品牌，本土的设计师也可以在每年两次的时装周上展示自己的设计。有一些富有创意的年轻设计师崭露头角，即将成为国际时尚圈一股强大的力量。

印度孟买
2月和8月

印度的时尚只和婚礼或节庆等特殊场合有关。消费者喜欢繁复的装饰，因此设计师专门设计耀眼夺目的服装，他们常常受到宝莱坞电影服装的启发，并结合一些传统服饰元素，如纱丽。

日本东京
3月和10月

日本设计师以设计古怪、艺术感很强的服装而享有盛名，例如川久保玲和山本耀司出品并在巴黎时装周上展示的服装。日本的时尚在中国香港和中国台湾地区尤其受欢迎。

澳大利亚悉尼
4月

这里曾经是买手寻找世界上最棒的泳装的地方，现在悉尼逐渐崛起的年轻设计师也吸引着时尚编辑和买手的到来。对博主来说，这里是捕捉阳光街头风格的绝佳地点。

接下来是什么？

只要短短几年，我们的着装方式可能就与现在大不相同，例如自己动手打印的3D鞋子和能让你的朋友知道你所在位置的珠宝。事实上，有些令人惊讶的设计已经来到你的身边。

芯片能追踪你的位置

你知道我在哪儿

这款由卡夫林可（CuffLink）公司设计的手镯具有手机那样的通信功能，只要点一下就能发送消息。

高能款

你可以戴着运动和睡眠监测器（Misfit Shine）走路、游泳或睡觉，它能监测你在活动时的健康状况。

设计师正在研制一种带有按钮的衣服，按下按钮就可以改变衣服的颜色。

体能监测

戴智能手环既能监测你的健康，又能使你看起来很时尚。

我脸红了吗？

穿上能随着你的心情改变颜色的衣服，与全世界分享你的感受（由未来派纺织品制造商"Sensoree"制造）。

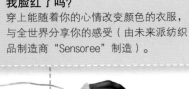

闪亮之星

把耀眼的一刻带到红毯上吧，像凯蒂·佩里的连衣裙一样照亮全场。

> ## 独特和**与众不同**就是**未来的美**。
> ——歌手泰勒·斯威夫特

再来件配套的3D打印比基尼怎么样？

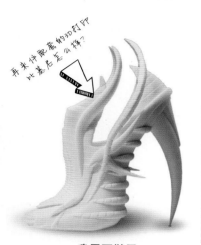

我需要鞋子
只需提交订单，就可以等着全新的定制3D打印鞋子到手了。

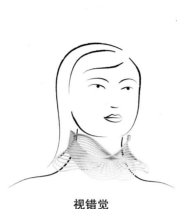

视错觉
虽然这条3D打印项链看起来像硬塑料制成的，但它摸起来更像柔软的蕾丝。

帽子丢了？再打印一顶吧！

可穿戴技术
3D打印机不用油墨，而是用塑料做出像这个头饰一样的饰物。

仅需点击"打印"
这件特别的"羽毛"连衣裙是用3D打印机做出来的，出自荷兰设计师伊丽丝·范海尔彭之手。

不能没有它
只要在手机上轻轻一点，就能将"可爱电路"(CuteCircuit)短裙从普通变得不同凡响。

一双完美的可以穿一整天的鞋子，这只由阿纳斯塔西娅·拉杰维奇设计的高跟鞋，亮起来就像银河一样。

"现在，我只是在努力**改变这个世界，**一次改变一点点。"

——歌手嘎嘎小姐（Lady Gaga）

"**服装**无法**改变**世界，但穿着它们的**女人们**可以。"

——设计师安妮·克莱因

"对我而言，时尚就是一面**反映**时代的镜子。"

——设计师安娜·苏

"**时尚就是即时的语言。**"

——设计师缪西娅·普拉达

"所谓风格，就是不用开口就能知道**你是什么样的人。**"

——造型师瑞秋·佐伊

"**时尚**存在于**天空**中、**街道**上。它和**观念**、生活方式，以及**周遭发生的事情**都有关系。"

——设计师可可·香奈儿

"创造出你自己的风格，**专属于自己的特别风格，**使你看起来独一无二。"

——美国《时尚》杂志主编安娜·温特

"时尚的**女人驾驭衣服**，而不让衣服驾驭她。"
　　——设计师玛丽·匡特

"我有**太多衣服**，我有太多选择。"
　　——歌手蕾哈娜

"**时尚**应该是逃避现实的一种方式。"
　　——设计师亚历山大·麦奎因

"当你不知道穿什么的时候，就**穿红色**。"
　　——设计师比尔·布拉斯

"**简单**、好品位和**整洁**是好**着装**的三个基本要素。"
　　——设计师克里斯蒂安·迪奥

"**小黑裙**既不会让你过于华丽，也不会让你太过朴素。"
　　——设计师卡尔·拉格斐

"时尚易逝，**风格永存**。"
　　——设计师伊夫·圣罗兰

"看起来完美很无趣……你想让你穿的衣服来表达自我，来讲述**你是谁**。"
　　——演员埃玛·沃森

"时尚的**灵感来自于过去**最好的事物。"
　　——歌手拉娜·德雷

词汇表（按英文原文顺序排列）

A

A-LINE A字裙 裙形呈三角形的短裙或连衣裙，裙摆张开的形状像字母"A"。克里斯蒂安·迪奥首创了A字裙，将1955年发布的时装系列命名为"A"系列。

ACCESSORY 配饰 用来搭配、点缀服装的所有单品，如鞋子、首饰、包、手套和帽子。在过去的30多年里，配饰在时尚领域变得越来越重要，已经超越了衣服本身。

APRON 围裙 一块围在身上保护衣服的织物或皮革，特别是在烹饪、做家务或体力劳动时使用。

ARMLET 臂环 戴在上臂（手肘以上）的金属环或皮环。在古希腊时期，这种装饰像珠宝首饰一样流行，而且不分男女。

ART DECO 装饰艺术派 20世纪20年代由时装设计师、室内设计师和建筑师创立的一种艺术风格。崇尚轮廓简单、流线型和几何形的图案，并从新型机械，例如工厂制造的汽车和飞机中获得灵感。

ART NOUVEAU 新艺术运动 19世纪末在欧洲掀起的一场艺术设计运动。线条取自自然界中的有机曲线和漩涡。它影响了建筑、室内装饰和时尚。

AVIATOR SUNGLASSES 飞行员太阳镜 博士伦公司于1936年为保护飞行员眼睛免受阳光照射（会导致头痛和高海拔症）而专门生产的金属框太阳镜，即雷朋太阳镜。飞行员太阳镜的镜片最早是绿色的。

B

BABOUCHES 摩洛哥拖鞋 阿拉伯沙漠民族，特别是贝都因人所穿的传统拖鞋。这种鞋由皮革制成，没有后半截鞋帮，或者后半截鞋帮可以踩在脚下，穿起来很方便。

BACKPACK 双肩背包 背在背后的囊状背包，肩带可挂在双肩上。世界上最古老的双肩背包已有5000多年的历史，是在意大利阿尔卑斯山脉的一具木乃伊旁发现的。它由山羊皮制成，里面有木框作为骨架支撑。

BALLGOWN 舞会礼服 一种长款连衣裙，由奢华面料制成，上身合身，下身是宽摆裙，通常在参加正式舞会时穿着。19世纪，舞会是女子邂逅未来丈夫的场合，因此舞会礼服是很重要的时尚单品。

BALLERINA LENGTH 芭蕾舞裙 最早是宽摆钟形裙，长度刚好在脚踝上方。第一条芭蕾舞裙是为1832年芭蕾舞剧《仙女》中的舞者制作的轻薄精巧的白色薄纱长芭蕾舞裙。

BALLERINA WRAP 芭蕾开衫 短款修身的V领开襟毛衣，对襟在胸前交叉，上面的带子绕过身体系在一起——通常由弹性平纹针织物制成，传统上是芭蕾舞者热身时穿着的衣服。

BALLET FLATS 芭蕾平底鞋 用薄皮革或织物制成的轻便平底鞋。样式像芭蕾舞演员穿着的舞鞋，但鞋底和鞋跟略厚，便于户外行走。

BANDANA 印花方巾 一块叠成三角形的头巾，系在脖子上或者头上，通常底色为红色或蓝色，上面带有白色图案。

BANGLE 手镯 坚硬的圆形或椭圆形饰品，可以从手上套进去，戴在手腕上。手镯通常由金、银等金属或木头、塑料制成。

BASE 基础单品 基础单品是搭配一整套服装的开始，可能是牛仔裤、黑长裤，也可能是一条黑色裙子或一件白色T恤。

BELL BOTTOMS 喇叭裤 一种长裤样式，腰臀部紧身，膝盖以下的裤筒变得肥大，在裤脚处开口最大。喇叭裤最初是水手出海时的制服，在20世纪70年代成为人人穿着的流行服装。

BERET 贝雷帽 羊毛或毛毡制成的软质圆形无檐帽，有时倾斜地戴在头的一侧。这种帽子是西班牙巴斯克人传统着装的一部分。

BIKINI 比基尼 女性穿着的两件式泳装。1946年由法国人路易·雷亚尔设计出来，他在巴黎经营着母亲留下来的内衣产业。

BLOOMERS 灯笼裤 19世纪中期，女性骑自行车时穿着的袋状裤。这种裤子由阿梅莉亚·布卢默所提倡并以她的姓氏命名。在当时，女性穿灯笼裤是非常令人震惊的，甚至在一些公共场所被禁止。

BLOUSE 女式衬衫 女性所穿着的轻柔的衬衫，通常由棉、亚麻或丝绸制成。19世纪的工人最早穿着这种衬衫，因为它宽松舒适又非常容易清洗。

BOA 长圆筒形毛皮（羽毛）围巾 羽毛或毛皮制成的长围巾。它的英文名称"boa"来源于蟒蛇的英文名称"boa"，因为它戴在脖子上看起来像紧紧缠绕着猎物的蟒蛇。

BOATER 平顶硬草帽 硬质草帽，平顶，有帽檐。传统的平顶硬草帽都装饰着一条丝带，它在19世纪晚期和20世纪早期作为男女夏季的休闲配饰很流行。

BOBBY PIN 发夹 一根细金属丝对折形成的一字发夹，能别住头发，起到固定作用。20世纪20年代因用来打造波波头而变得非常流行。

BOBBYSOXER 新潮少女 20世纪50年代穿平底鞋、齐踝短袜并搭配宽摆裙的少女。其英文名称"bobbysoxer"中的"bobby"来源于英文中的"to bob"，意为"剪短"，因为这些少女穿短袜。

BODICE 紧身上衣 有塑形功能的连衣裙的上半部分，或单独的胸衣。

BODY 女士连体上衣 款式类似于一件式泳衣的紧身衣，在裆部有按扣可以解开。专为搭配长裤或半裙而设计，看起来就像穿了合身的T恤。

BODY-CONSCIOUS 贴身感 穿着用弹性面料制成的凸显身体曲线的紧身衣服。20世纪80~90年代开始流行，弹性面料和彰显身体曲线的设计在当时非常流行。

BOHO 波希米亚风 艺术、浪漫、富有异国情调的服装风格，通常包括带流苏的宽松服装，如哈伦裤。

BONNET 无边帽 中世纪的无边软帽只是一种头上戴的布帽，到了18世纪，这种帽子变成前端有小帽檐，通常有两根带子在下巴处系住的有形状的帽子。

BOW TIE 蝴蝶领结 衬衫领子前带有紧凑对称的蝴蝶结的横结，原本为男性晚礼服的一部分，与白衬衫和黑礼服相搭配。

BOYFRIEND JEANS 男友风牛仔裤 宽大的女装牛仔裤，看起来像是从男朋友那里借来的。这种裤子低腰，裤筒略为宽松。穿着时卷起裤脚，露出脚踝。

BOWLER 常礼帽 一种硬毡帽，帽顶为圆形。这种帽子在19世纪是骑马时戴的，之后变成都市男性戴的时髦帽子。

BRAND 品牌 产品上的名称和标志。一家时尚公司可拥有若干品牌，每个品牌的目标客户群不同。标志是品牌重要的一部分，非常成功的品牌的标志让人一眼就能认出来。

BRASSIERE (BRA) 胸罩 支撑胸部的女士内衣。英文名称"Brassiere"的使用最初出现在1893年，一家内衣公司认为用一个法语词（法语中"brassière"一词意为婴儿的背心或贴身内衣）来描述他们新推出的胸部支撑内衣，听起来更优雅。

BREECHES 马裤 一种长度到膝盖的修身的长裤。18世纪时，这种裤子是很流行的男装，搭配遮住小腿的长筒袜穿着。

BROOCH 别针 别在衣服上的饰物。在很多古代文化中，别针除了作为装饰物外，还用来将衣物固定在一起。

BUSK 巴斯克 用来加固束腰衣前部中央部分的一片扁平的鲸骨片、木头片或金属片。木头制成的巴斯克上通常有手工雕刻的花纹，并装饰有心形图案或

姓名的首字母缩写。

BUSTIER 束腹胸衣 将胸罩和背心结合起来的一种内衣。从胸部到腰部，通常有钢骨支撑，使上半身更具曲线美。

BUSTLE 巴斯尔裙撑 穿在裙子后面，腰部以下的一个框架或衬垫，用来撑起裙子，防止裙子拖在地上。从19世纪中叶到19世纪末，巴斯尔裙撑被用来打造时尚的裙型。

BUSTLE PAD 巴斯尔裙撑衬垫 系在穿着者腰后，放在衣服下面的小垫子，用来使裙子向外撑起。

C

CAMISOLE 吊带背心 带有细吊带的及腰无袖上衣。通常作为内衣穿在衣服里面，但也可以单独穿着。

CAPE 斗篷 一种外套。将布料剪裁成半圆形，在领口处系在一起，可以用来裹住身体保暖。

CAPRI PANTS 卡普里裤 长度在脚踝以上的修身女裤。20世纪50年代，它作为夏季休闲服装首次出现，并因为女演员奥黛丽·赫本而变得格外流行。

CARDIGAN 开襟毛衣 一种针织上衣，前面有纽扣或拉链可以将衣服系上，克里米亚战争（1853～1856年）中的士兵最早穿着这种毛衣，到20世纪20年代，它已成为男女皆宜的休闲服装。

CATWALK/RUNWAY T台 一种架起来的狭长水平走道或坡道，模特在这个台子上展示设计师的服装。模特在T台上走的步子叫猫步。

CHEMISE 无袖宽松内衣 原意为男女皆可穿着的由亚麻或棉布制成的汗衫，曾有悠久的历史。现在指的是一种长度到大腿的吊带女式衬裙（就像长款吊带背心）。

CHIC 时髦 "chic"是一个法语单词，意为轻松自然的时尚、雅致、别致。

CHOKER 颈链 一种戴在脖颈处的饰品，带子或丝带，通常装饰着吊坠或其他类型的小珠宝。

CLOCHE 钟形帽 一种

贴合头形的女帽。帽檐微微向外展开，使帽子呈钟形。在女性通常留短发的20世纪20年代流行。

COCKTAIL HAT 鸡尾酒帽 参加鸡尾酒会所戴的一种装饰性小帽子。其他帽子进门就要摘下来，而鸡尾酒帽可以在室内佩戴。

COLLAR 领子 衣服上围在脖子上的部分。也有的领子是单独的，与衣服分开。

CONE HAT 锥形帽 一种像倒置的甜筒的头饰，也称为埃南帽、心形尖顶女帽。这种中世纪女性戴的帽子更早以前是蒙古皇后的饰物（罟罟帽）。

CORDUROY 灯芯绒 一种棉织物，有柔软的丝绒表面，并形成纵向绒条或细脊。因为保暖性好，质地厚实，通常用于制作户外夹克和裤子。

CORSAGE 胸花 一束用别针别在胸前或肩上的小花束，有时也戴在手腕上。

CORSET 束腰衣 起到支撑作用的内衣。看起来像无袖上衣，但内里缝有硬条，使其在胃部收紧，打造出纤细的腰肢。自20世纪90年代末以来，束腰衣也可以外穿。

COTTON 棉布 用棉花蓬松的纤维织成的织物。亚洲最早使用这种布料，现在全世界都在穿着棉布

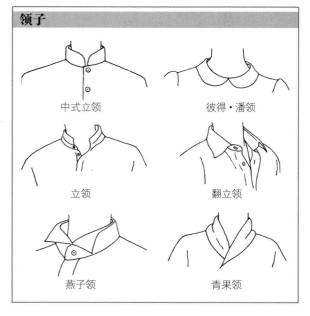

领子

中式立领

彼得·潘领

立领

翻立领

燕子领

青果领

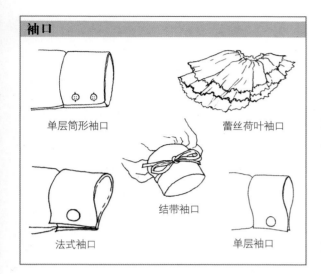

袖口

单层筒形袖口

蕾丝荷叶袖口

结带袖口

法式袖口

单层袖口

制成的服饰，特别是在气候炎热的地区。

CRAVAT 领巾 一块围在脖子上的布，特别指18～19世纪具有时尚意识的男人所戴的阔领带。从克罗地亚流传至欧洲，是克罗地亚男性传统服饰的一部分。时至今日，它仍是一种考究的配饰，通常由带有图案的丝绸制成。

CRINOLINE 克里诺林裙衬 又称裙笼，穿在裙子里面支撑着裙子，形状像穹顶。19世纪50～60年代流行。由鲸骨条或金属箍制成，并用织物带固定在一起。

CROP TOP 露脐装 短至露出肚脐的上衣。在20世纪80年代的健身热潮中，因女性想要炫耀健美身材而变得流行起来。

CUFF 袖口 袖子的末端部分，有时比袖子的其余部分厚。有的袖口上有扣子，能系上；有的袖口被设计成往回翻折的样式。

D

DANDY 时髦绅士 非常注重仪容仪表和穿着的男性，衣着一丝不苟，极具绅士风度。时髦绅士可追溯到18世纪末，博·布鲁梅尔是当时最著名的时髦绅士。

DECOLLETAGE 低胸露肩领 女性连衣裙领口低胸的剪裁设计。

DENIM 牛仔布 由一股彩色线和一股白色线织成的厚棉布。17世纪开始，用于制作实用的工装，也用于制作室内装饰和船帆。从19世纪末开始，蓝色牛仔布一直被用来制作牛仔裤。

DESIGN COLLABOR-ATION 合作设计 两位设计师共同创作新产品。例如，一个大品牌雇佣一名新锐设计师设计一个新产品。

DIAMANTE 水钻 又称莱茵石，是一种看起来有点像钻石的小装饰物。从18世纪起就被用在首饰和服装上，其主要成分是水晶玻璃。

DINNER DRESS 晚宴服 参加活动穿的正式服装。对男士来说，通常是一件燕尾服；对女士而言，是一件由奢华面料制成的长裙或短裙（但没有舞会礼服那么精致）。

DRAWERS 衬裤 16世纪及之后一段时间所穿的一种内裤。通常由棉布或亚麻布制成，很长，有时甚至长及脚踝。

DUCKTAIL 鸭尾式发型 20世纪50年代在潮男中流行的发型。需要在头发上涂抹发蜡，将两边的头发向后梳，并在头后梳到一起（从后面看就像鸭子尾巴）。

E

EMBROIDERY 刺绣 丝绸、羊毛布和棉布等布料上的装饰性缝线。19世纪末以前，大多数女性都自己缝衣服穿，因此学习刺绣是一项有用的技能。

ESPADRILLES 草编渔夫鞋 麻绳编底帆布鞋。可以是一脚蹬，也可以用带子系在脚踝上。这种鞋法国和西班牙的农民曾穿了几百年，现在它成了男女皆宜的夏季鞋款。

F

FARTHINGLE 法勤盖尔裙撑 一种非常宽大的吊钟形或圆锥形坚硬裙撑，用来支撑礼服并使其蓬起。女性从15世纪中期到17世纪20年代穿着这种裙撑，它由柳条、铁丝或鲸骨制成。

FASCINATOR 纱网羽毛头饰 介于小帽子和发夹之

间的一种配饰。这种精致的头饰通常由羽毛和纱网制成。

FAUX FUR 人造皮草 由合成材料制成的假毛皮，以代替真毛皮。它比真正的毛皮便宜得多，而且对于那些基于道德原因不愿意穿真皮草的消费者来说，人造皮草很受欢迎。

FELINE EYE 猫眼妆 一种眼妆画法。沿上眼睑轮廓画眼线，眼线在外眼角上挑，使眼睛轮廓像猫眼。

FISHNET 渔网布 一种由很多小的菱形网格构成的网眼织物（得名于看起来像编织得稀松的渔网）。主要用于制作女式长筒袜和连裤袜。

FISHTAIL TRAIN 鱼尾形裙裾 连衣裙或半裙膝盖以下向外散开的部分，形状像鱼的尾巴。裙子后摆比前摆长。

FLAPPER 摩登女性 20世纪20年代渴望独立、崇尚享乐并热衷于摩登造型的时尚女性。她们的造型要点包括短发和及膝连衣裙。

FOB WATCH 怀表 挂在一条短链子上的表（没有表带）。链子别在衣服上，手表放在口袋里——

传统上是放在男人马甲的口袋里。

FOUNDATION GARMENT 女士紧身内衣 又称塑身衣。穿在衣服里面，用来约束和调整身体曲线的衣服，如由高弹性面料制成的平角内裤。

FRINGING 流苏 由许多细线或细带子组成的装饰带。通常垂在衣服下摆或袖口，也可以用来装饰整件连衣裙或外衣。

FROGGING 盘花纽扣 一种代替纽扣来系衣服的方式。盘扣一边是编织而成的漂亮扣坨，另一边是对折成圈形的扣带，两侧都有漂亮的盘花。

FUR 毛皮 带有毛的动物皮。既可以做成一整件衣服，如毛皮大衣，也可以做成衣服的衬里，或做成滚边和配饰。生活在北极的原住民部落有穿着毛皮的传统。

G

GARTER 吊袜带 一种带有弹性的带子，穿在大腿上，用来固定长筒袜。

GIRDLE 束腹带 在中世纪，束腹带是一根系在腰间的腰带或绳子，用来固定衣服。到了20世纪20年代，束腹带演变成一条厚厚的有弹力的布带，包裹腹部，以塑造出平滑的身体曲线。

GO-GO BOOTS 摇摆靴 鞋尖粗圆的低跟或平跟的及膝长筒女靴。设计灵感来源于"太空时代"风格。

GOWN 袍服 古希腊和古罗马时期男女皆可穿着的一种又长又宽松的衣服。

GRUNGE 垃圾摇滚风格 一种凌乱邋遢的着装风格，通常穿着二手服装店淘来的服饰和廉价的户外服装。这种着装风格起源于20世纪80年代末在美国西雅图出现的垃圾摇滚音乐歌手的着装。

H

HAREM PANTS (HAREM SKIRT) 哈伦裤（哈伦裙） 用柔软布料制成的松垮的长裤，裤腿在脚踝处收紧。在一些国家，它是传统服饰的一部分，20世纪初在欧洲成为流行时尚。

HEADDRESS 头饰 任何戴在头上或覆盖头发的装饰性的东西。戴头饰既可以出于追求时尚的原因（在中世纪和文艺复兴时期非常流行），也可以出于宗教或文化原因。

HEADSCARF 头巾 一种正方形织物，戴在头发上并系住。它通常是女性戴的——为了时尚，或者出于某些实用的原因，如保持头发整洁，防止头发盖住脸，或是因为宗教信仰而盖住头发。

HEELS 高跟鞋 鞋跟特别高的鞋。有一种被称作"恨天高"的高跟鞋（通常是细跟的），鞋跟至少有10厘米高。

HEMLINE 裙摆 连衣裙或半裙的底边。裙摆往往是时尚潮流变化最显著的部分，每年或每隔几年都会有长长短短的变化。

短外套

布雷泽外套	无尾礼服	工装夹克
双排扣西装	骑马夹克	对襟上衣
尼赫鲁上装	诺福克上衣	双排扣呢绒大衣
猎装夹克	单排扣西装	吸烟装

HIMATION 希玛纯长袍 古希腊男女皆会穿着的一大块长方形织物。它可以以不同的方式披、裹和别在身上，既可以单独穿，也可以套在其他衣服外面穿。

HIPPIE 嬉皮士 20世纪60年代末和20世纪70年代初热爱和平的年轻人群体。

嬉皮士努力亲近自然，穿手工缝制或回收的服装，喜爱扎染图案和鲜艳的色彩。

HORSE HAIR 马毛 马尾和马鬃的毛，可以用这些毛织成织物。19世纪，马毛常用于制作带有衬垫的女士内衣。

HOT PANTS 热裤 非常短、非常紧的裤子。20世纪60年代中期，伦敦设计师玛丽·匡特将它推向了时尚界。

HOURGLASS 沙漏形 胸围大、腰围小、臀围大的体形，像以前用来度量时间的沙漏。这种体形时而流行，时而不流行。人们用束腰衣、腰带、垫子和弹性织物来帮自己打造出这样的体形。

HOUSE DRESS 家居便服 为了方便做家务而在家穿的一种休闲实用的衣服。在19世纪末到20世纪50年代很流行，当时它是家庭主妇衣橱里的重要物品。

J

JACKET 夹克 休闲或户外活动时穿着的短外套，长度通常到臀部或腰部，保暖性不及大衣。

JADE 玉 一种半宝石，人们喜欢用它来制作首饰。玉有多种颜色，翠绿色的翡翠非常受现代人喜欢。玉在中国、朝鲜和韩国有着特殊的意义，是一种权力的象征。

JEANS 牛仔裤 由牛仔布制成的结实的裤子。最早

是农场工人和其他从事艰苦体力劳动的人所穿的，之后因为电影中的牛仔穿着而变得流行起来。从20世纪50年代开始，牛仔裤就成了常见的休闲服装。

K

KIMONO 和服 一种用棉布或丝绸制成的日本长袍，袖子非常宽大。穿的时候，用和服包裹住身体，两襟交叉，再用一条织物制成的宽腰带绑在腰部，系紧和服。

KIRTLE 外裙 一种穿在无袖宽松内衣（一种可以当内衣穿的轻便连衣裙）外面的修身连衣裙。它的前面、侧面或背面有系带，可以调整松紧度。

KITTEN HEEL 猫跟鞋
20世纪50年代末出现的女鞋款式。它有一个逐渐变细的低鞋跟，在21世纪仍然流行。

L

LACE 蕾丝 一种精致的装饰织物，上面的镂空图案看起来像蜘蛛网。蕾丝曾是用棉线或丝线手工编织而成的，非常昂贵。但到了19世纪中期，便宜的机织蕾丝出现了。

LAMPSHADE SHAPE 灯罩造型 台灯形状的连衣裙。下半身细瘦，上半身向外蓬开，据说是法国设计师保罗·普瓦雷约在1913年设计出来的。

LBD 小黑裙 英文"Little Black Dress"的缩写。在时尚编辑看来，自20世纪20年代香奈儿使黑色短裙成为时尚以来，小黑裙已成为女性衣橱里最实用的单品之一。

LEATHER 皮革 经过特殊处理（称为鞣制）而变得光滑柔软的动物皮，可以制成衣服、鞋子和包。

LEG WARMER 护腿 套在小腿和脚踝上穿的筒状羊毛织物。最初是芭蕾舞者为了给腿部保暖，使肌肉不致僵硬所穿的，在20世纪80年代，舞蹈相关服装成为日常穿着之后，护腿也成为一种时尚。

LEGGINGS 紧身裤 类似于厚实的连裤袜，但不带袜子，长及脚踝或更短。紧身裤曾主要是舞者所穿，20世纪80年代开始流行起来，穿在肥大的T恤或迷你裙的下面。其历史至少可以追溯至13世纪。

LINEN 亚麻布 由亚麻属植物的茎皮制取纺织出的一种又结实又轻的织物。它是世界上最古老的织物之一，很久以来一直被人们用来制作衣服，特别是内衣。

LOCKET 盒式项链坠 一种挂在项链上的小金属饰物。通常呈心形、椭圆形或圆形。可以开关，盒子里能放照片或一束头发。

LOGO 标志 经过设计，用来代替品牌全称的符号。通常只是字母或其他文字符号，但有时也可以是图像，或是二者的组合。

LOGO MANIA 标志狂热 痴迷于拥有带有标志的时尚产品的一种现象。尤指20世纪90年代，对当时带有显眼的设计师标志的奢侈品包的狂热。

LUCITE 有机玻璃 一种非常坚硬的透明塑料。发明于20世纪30年代，最初用于制造飞机挡风玻璃。从20世纪40年代开始，被用于制作时尚配饰，包括鞋子、手包和首饰。

M

MANTUA 曼图亚礼服 18世纪中期~19世纪中期流行的女式长袍礼服。其主要特征是有一个罩裙，向两侧后方提起，露出里面的衬裙。

MARY JANE 玛丽珍鞋 一种圆头平底鞋，在脚面接近脚踝处有一个搭扣。这种鞋最初是为儿童设计的，但从20世纪20年代早期开始，成年女性也开始穿玛丽珍鞋，通常有一个高跟。

MAXI 长裙 一种能盖住大部分腿的裙子。女性穿长裙已有悠久的历史，在20世纪60年代迷你裙出现之后，它们才被称为"长裙"。

MIDI 中长裙 又称迷笛裙。长度到小腿肚的裙子。尽管在20世纪50年代便有了这种裙子，但直到20世纪70年代它才获得"迷笛裙"这个名字，以区别于迷你裙和长裙。

MILLINERY 制帽业 制作帽子的行业。通常是定制，以使帽子适合顾客的头型。设计时使用不同类型的材料和装饰物。

MINI SKIRT 迷你裙 裙摆到大腿中部的裙子。20世纪60年代最早有人穿着时引起了巨大的轰动，但很快便成为一种日常时尚。

MORNING DRESS 日礼服 男士白天参加活动所穿的半正式西服（通常是灰色），或19世纪富有的女性在家吃早饭或休闲时所穿的长裙。

MUFF 手笼 一种内部中空，可以放进双手取暖的小圆筒或管状物。通常用毛皮制成。人们在冬天常用手笼来代替手套，这对于18~19世纪的女性来说是一种非常流行的时尚。

MULES 穆勒鞋 一种带跟的"一脚蹬"懒人鞋，鞋跟有高有低，鞋子的前部通常是不露趾的。从16世纪开始，这种鞋男女都能穿，但现在这种鞋主要是女性穿着。

MUSLIN 平纹细布 一种上等的由棉线或亚麻线织成的轻而半透明的织物。18世纪末，平纹细布是制作女性连衣裙的时兴面料，但由于太过单薄，通常需要在这种面料制成的衣服上再加一件外套或一条保暖的披肩。

N

NYLON 尼龙 锦纶的旧称，是合成纤维（由化学物质而非天然成分制成）的一种。尼龙发明于1935年，因为它价格低廉又结实耐用，而且可以做得非常透明，所以很快便被用于制作连裤袜和长筒袜。

O

OVERALLS 工装背带裤 一种上衣和裤子连在一起的套装。20世纪40年代之前，背带裤主要是男性在工厂工作时穿着的，以保护他们里面穿的衣物。第二次世界大战期间，女性

开始在工厂工作，她们也开始穿着背带裤。

OXFORDS 牛津鞋 一种系带的平跟皮鞋。穿鞋带的孔眼是隐藏式的，因此在鞋面上只能看到很小的洞眼。19世纪早期，它在牛津大学的学生中流行起来。20世纪20年代，牛津鞋成为一种时尚女鞋。

P

PAGODA SLEEVE 宝塔袖 在1849～1869年流行的长及肘部的宝塔形袖子。袖口通常有褶边或荷叶边，可以拆下来清洗。

PALETTE 调色盘 艺术家为某一艺术品或时装设计师为某一系列服装所选择的一组颜色。

PANELS 衣片 缝合在一起形成衣服的材料部分，缝合线称为接缝。接片可以用来为衣服塑造出形状，如突出腰线或组成一条伞裙。

PANNIERS 帕尼埃裙撑 马鞍形的裙撑，穿在裙子里面，系在腰上，从两侧撑起裙子的垫子或框架。它只在18世纪早期存在，之后便退出了时尚舞台。

PANTYHOSE 丝袜 一种类似于连裤袜的袜子。它的上面连在一起，使用有弹性的织物制成，比连裤袜更薄透。20世纪60年代丝袜刚出现，就迅速流行起来，因为它非常适合搭配迷你裙。

PAPARAZZI 狗仔队 专门跟踪名人的日常活动，并拍摄他们的照片的摄影记者，然后会将照片卖给杂志和报纸。狗仔队的英文名称"paparazzi"来自于意大利语单词"paparazzo"，意思是恼人的嗡嗡声。

PARASOL 遮阳伞 通常比雨伞小，由轻质织物，甚至纸制成。在18～19世纪，女性不希望自己的皮肤被太阳晒黑，遮阳伞开始流行起来。

PARURE 全套首饰 一系列配套的珠宝，通常装饰有钻石或红宝石等宝石。可能包括项链、耳环、手镯和冠状头饰。

PATENT 漆皮 一种非常光亮的皮革。制作时在皮革上涂上一层亮漆，使它看起来具有光泽，可用于制作鞋子、包、皮带和夹克等衣物。

PATTENS 套鞋 穿在普通鞋子上的套鞋，防止雨

淋湿和灰尘弄脏鞋子。套鞋看起来像木屐，通常有高高的木底，使鞋远离街道上的脏污。

PENDANT 吊坠 通常指挂在项链上的一小块珠宝饰物。典型的吊坠形式有：由银或金制成的盒式项链坠、宝石、十字架等宗教符号或其他装饰性设计。

PEPLOS 佩普洛斯 古希腊女性穿着的一种连衣裙，用一大块长方形织物制成，折叠后裹住身体，再使用胸针和腰带固定。

PETTICOAT 衬裙 女性穿在半裙或连衣裙里面的内裙。衬裙既可以是硬挺的、带有裙撑的，用来撑起外面的裙子，也可以是用丝质面料制成的，使外裙平滑垂坠。

PIXIE CUT 精灵短发 一绺头发遮盖住前额的短发发型。得名于它的样式看起来像传说中的小精灵。小精灵是一种像小孩子一样的魔法生物，在欧洲许多地方的古代民间传说中都曾出现。

PLAID 格子呢 一种羊毛织物，通常带有格子图案。传统上用来制成短褶裙和围巾，是苏格兰民族

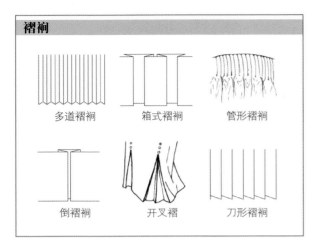

褶裥

多道褶裥　　箱式褶裥　　管形褶裥

倒褶裥　　开叉褶　　刀形褶裥

服饰的一部分。格子呢的保暖性很好，因此也是制作工作服和外套的常用面料。

PLATFORMS 松糕鞋 鞋跟高，鞋底厚，鞋底的厚度几乎等同于鞋跟高度的鞋子。历史上，人们一直穿松糕鞋，但它在20世纪70年代格外流行，当时经常用它搭配喇叭裤穿着。

PLEAT 褶裥 将织物折叠，在一侧缝合或两侧缝合所形成的窄折边，多在裙子上出现。褶裥有几种不同的类型，其中有一种暗褶，只有在穿着者活动时才能看出来。

POCKET 口袋 将一块如同小袋子或信封的织物缝在衣服上，用来装小东西。女性曾用口袋来携带贵重的物品，当时这些口袋不是缝在衣服上的，而是像荷包一样系在腰间。

POLKA DOTS 波尔卡圆点（波点） 均匀分布的实心圆图案。这种图案开始流行于19世纪80年代，波尔卡舞也流行于此时。波尔卡舞者身着带有这种圆点图案的衣服，波点图案由此开始流行。

POP ART 波普艺术 20世纪50年代中期的一次艺术运动，以日常或流行的图像（如广告和卡通）作为绘画和雕塑的主题。例如，美国艺术家安迪·沃霍尔用金宝汤罐头图案创作了一幅绘画作品，后来的一条迷笛裙的设计也采用了这种汤罐头图案。

POUF 高发髻假发头饰 将头发堆在一个金属框架或填充物上，形成一个高高的蛋形，然后配上奢华的饰品。18世纪中期，在玛丽·安托瓦内特的影响下，这种装扮非常流行。

PREPPY 学院风 一种经典的时尚风格。打造这种风格的重要单品是斜纹棉布裤搭配布雷泽外套，以及褶裙搭配菱形花套头毛衣（称为费尔岛毛衣）。乐福鞋是必备鞋款。

PROM DRESS 舞会礼服 参加高中舞会时穿的礼服。舞会通常在毕业时举行，最早的舞会于19世纪在美国的大学举办，到20世纪50年代才开始真正流行起来。

PROPORTIONS 比例 在时尚领域，指的是身体各部分相对于其他部分的大小关系。在追求时尚时，人们的目的是搭配一套服饰，使整体效果达到平衡。

PUMPS 船鞋 脚趾、脚跟和脚的两侧均被包裹起来的无系带平底鞋。它的鞋底很薄，材质很软，像芭蕾舞鞋。这种鞋现在多为女性穿着，但在过去的几个世纪里，男性也常穿。

PUNK 朋克 20世纪70年代后期形成的一种时尚风格，是对当时时尚和观念的挑战。朋克风着装包括别满安全别针的破洞衣服、修身牛仔裤（当时大多数人都穿喇叭裤）和马丁靴。

PVC 聚氯乙烯 英文名称"polyvinyl chloride"的缩写。一种用于制作织物

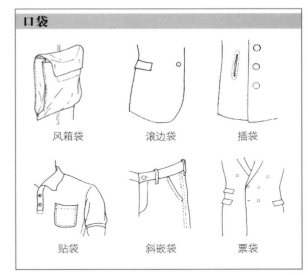

口袋

风箱袋　　滚边袋　　插袋

贴袋　　斜嵌袋　　票袋

涂层的化学物质，使织物表面光滑。在20世纪60年代成为流行时尚，尤其用在靴子和外套上。

PYJAMAS 睡衣裤 用柔软面料做成的上衣和宽松的裤子，睡觉时穿。裤腰上通常有松紧带或拉绳，增加舒适度。时尚睡衣是家居睡衣裤的奢华版本，可以作为晚礼服穿着。

Q

QUIFF 飞机头 额头上向上梳起的一卷头发（就像倒着的刘海），20世纪50年代在年轻男性间很流行，后来这种发型也逐渐为女性所采纳。

R

RA-RA SKIRT 拉拉队短裙 拉拉队员穿的带褶的超短裙，在20世纪80年代流行一时。

RETRO 复古风 以几十年前的流行风格为灵感来源的时尚。例如，现在以20世纪50年代风格的服装、发型和妆容打扮自己，可以称为复古风。

RIBBON 丝带 一种长而薄的织物带子。可以用来将头发绑在脑后，可以用在衣服上作为装饰或系住衣服，也可以作为其他装饰。丝带最初是用丝绸制成的。

RIDING BOOTS 马靴 一种及膝靴，通常由皮革制成，专用于骑马。靴筒套在修身的马裤上，紧紧包裹着小腿。

RIDING HABIT 女士骑装 从18世纪中期开始女性骑马所穿的传统服装，包括合身的夹克、衬衫、长裙和男装风格帽子（如高顶大礼帽）。

ROBE 长袍 在女士时装中，长袍是一种左前胸开口，露出衬裙的长连衣裙。男性穿的长袍是穿在其他衣服外面的正式服装。后来长袍也指晨袍、浴袍。

RUFF 拉夫领 一种可拆下来的衣领，有繁复的褶裥，有时会通过上浆使其更加硬挺，也叫轮状皱领。拉夫领通常用亚麻布或蕾丝制成，15世纪和16世纪的富人（不论男女）都戴这种领子。

RUFFLES 褶饰 褶裥或荷叶边，常用于衣领、袖口和衬衫前襟的边缘。16世纪，男装上流行使用褶饰，虽然现在褶饰主要出现在女装上，但男士的正装衬衫上有时仍会有褶饰。

S

S-SHAPE S体形 19世纪末和20世纪初流行的一种体形，通过穿特殊的束腰衣来达到效果。这种束腰衣使臀部向后翘，这样胸部就会向前挺，使身材呈字母"S"形。

SACK BACK 法式长袍 18世纪一种服装的名称，又称法兰西长袍。衣服的褶裥从肩部一直延伸到裙子的背面，而且后背的褶裥更长，使下摆拖到地面上。

SAILOR PANT 水手裤 腰部和臀部合身的高腰阔腿裤，扣子通常在侧面。这种时尚风格借鉴了20世纪20年代的海军制服样式。

SANDAL 凉鞋 一种前面有带子的露趾的鞋。它是最原始的鞋子类型，许多古代文明，特别是位于气候炎热地区的古代文明中均出现了这种鞋子。

SATIN 缎 使用特殊编织技术制成的一种丝织品。它的一面是光滑的、有光泽的，另一面则是哑光的。

SHAWL 披肩 一种长方形或三角形的织物，披在背部，从肩部和上臂搭到前面来。克什米尔地区是最著名的披肩产地，那里使用披肩的历史已经有几百年了。

SHIFT 女用衬衣 19世纪以前使用的一个词，指的是女性所穿的长袖汗衫（有点像男士衬衫），用亚麻布制成，穷人只穿得起用羊毛制成的。

SHIFT DRESS 女衬衣式直筒连衣裙 短而无袖的连衣裙（比迷你连衣裙稍长）。裙形呈直筒形或略微呈A字形，既不紧身，也不过于宽松。

SILHOUETTE 轮廓 从侧面、正面和背面看的大概形状。在时尚领域，轮廓是一套服装的整体形状。

SILK 丝绸 用桑蚕的幼虫吐出的蚕丝制成的精致华丽的织物。制丝技术是5000多年前中国人发明的，后来欧洲人需要花高价才能购得丝绸，最终制丝技术传到了欧洲。

半裙

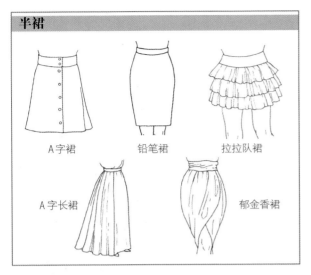

A字裙

铅笔裙

拉拉队裙

A字长裙

郁金香裙

半裙通常是女性穿的，但有些类型的裙子男性也可以穿，如苏格兰短褶裙和纱笼。

SLEEVE 袖子 上衣、连衣裙等套在手臂上的筒状部分。袖子的形状随着时尚的变化而变化，有许多不同的款式和长度，有短小的盖袖，也有格外宽大的和服袖。

SLIDES 凉拖鞋 鞋前面有带子、没有后鞋帮的一种一脚蹬的鞋，穿脱方便，不用弯腰。

SLINGBACK 露跟鞋 一种女士高跟鞋。有露趾的，也有不露趾的，鞋后跟有一条带子使鞋固定在脚上。

SILK SATIN 真丝缎 一种表面非常光滑有光泽的丝绸。制出这种有光泽的面料需要特殊的编织技术。

SKINNIES 紧身小脚裤 一种紧身牛仔裤。这种裤子紧紧包裹身体，如同第二层皮肤一般，裤腿在脚踝处变窄。紧身裤在20世纪50年代出现，但是裤腰比现在的更高，裤脚也不像现在的裤脚那么紧。

SKIRT 半裙 一种围在腰部并从腰部垂下的衣服。

SLIP DRESS 吊带裙 贴身剪裁、长及膝盖，有细肩带的裙子。穿在连衣裙里面可以使身材线条流畅。吊带裙最初被设计出来是为了单独穿着的。

SLIPPERS 室内便鞋 轻便的低跟鞋，易于穿脱，用于室内穿着。在过去的几个世纪里，这种便鞋是富有的女性衣柜里的重要部分，因为她们在家待着的时间太长了。

SNEAKERS 胶底运动鞋 运动时穿着的鞋子，鞋底用防滑的橡胶制成。第一双运动鞋用纯棉帆布和简单的橡胶鞋底制成。时至今日，许多运动鞋仍然被设计成这种传统款式。

STATUS BAG 名牌包 每个人都能认出的昂贵的奢侈品包，上面通常带有品牌或设计师标志。

STAYS 紧身马甲 像束腰衣一样，紧身马甲也是作为内衣穿在衣服里面，用来打造时尚身材曲线的一种衣服。它紧紧地裹住胸部和腰部，通常使用鲸骨加固。它比束腰衣要沉，19世纪束腰衣开始流行后，大多数女性就不再穿紧身马甲了。

袖子

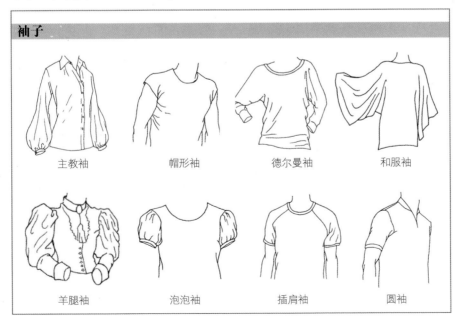

主教袖

帽形袖

德尔曼袖

和服袖

羊腿袖

泡泡袖

插肩袖

圆袖

STILETTO 细高跟鞋
鞋跟又高又尖的女鞋。高跟鞋诞生于20世纪50年代，鞋跟里通常有一根金属钉，起到加固的作用。细高跟鞋的英文名称"stiletto"在意大利语里意为"刀"或"匕首"。

STOCKINGS 长筒袜 不像连裤袜那样顶部相连的紧身袜子。穿的时候，两只长筒袜需要分开套在腿上，在大腿处有松紧带加以固定，或将其夹在吊袜腰带上固定。

STOMACHER 胸衣 一块坚硬的三角形板子，通常装饰华丽，护住胸部和腹部。在15~18世纪的时尚中，它被穿在前面有开口的裙子里面，这样就可以露出来。

SUMPTUARY LAW 禁奢法 古代规定人们能穿什么、不能穿什么的法律。在14~16世纪，有许多禁奢法，试图控制人们在奢侈品上的消费金额，阻止中产阶级或下层阶级看起来像是上层阶级的人。

SUNDRESS 太阳裙 在炎炎夏日为了凉快而穿的露肩背带式连衣裙。太阳裙无袖，用棉布制成，在20世纪50年代很流行。

SUPERMODEL 超模 已经出名的模特。超模在世界范围内都是获得了认可的，品牌会请他们为产品代言，大多数超模都是女性。20世纪80年代是超模的鼎盛时期，他们获得极高的报酬，拍摄广告就可以赚取数百万美元。

SURREALIST超现实主义艺术家 从想象或梦境中获得图像及灵感，并以一种意想不到的方式将其反映到现实世界的艺术家。超现实主义艺术风格在20世纪30年代非常流行，萨尔瓦多·达利是当时最著名的超现实主义者。他是与时装设计师埃尔莎·斯基亚帕雷利合作设计服装和配饰的超现实主义艺术家之一，将超现实主义带入时尚。

SUSPENDER BELT 吊袜腰带 一种具有弹性的柔软织物带，穿在腰部（衣服下面），前后有夹子，用来夹住长筒袜。20世纪40~50年代，几乎所有妇女都穿着吊袜腰带，直到1959年连裤丝袜被发明出来，才不再使用它。

SWEATER 套头毛衣 又称针织套衫。它是一种宽松的长袖针织上衣，穿时从头上套进去。它起源于19世纪末的一种男装，在20世纪初的几十年，毛衣已成为男女必备的休闲服装。

T

T-BAR T字带鞋 一种女鞋，有平底和高跟款式。脚面中间有一条纵向的带子，并与脚踝的横向带子相连，形成T字形。

T-SHIRT T恤 由针织棉布制成的带袖子的简单上衣（铺平的时候呈T字形）。T恤需从头上套着穿进去。在19世纪末，T恤作为海军制服之一，被水手们穿着，由此开始流行。

TAFFETA 塔夫绸 一种丝绸，质感挺括，手感像纸，表面闪闪发光。也有更便宜的人造丝塔夫绸。塔夫绸特别适合制作需要挺括面料的晚装。

TANGO 探戈舞 阿根廷的一种舞蹈形式。跳舞时男女贴近彼此，抱在一起（舞蹈得名于拉丁语单词"tango"，意为"触摸"）。20世纪20年代，探戈在欧洲和美国非常流行，设计师专门为了在伦敦举行的"探戈茶会"设计了礼服。

TEA GOWN 茶会礼服 又称茶歇裙，是19世纪末和20世纪初女性在家喝下午茶或下午拜访朋友时所穿的一种长而宽松、浪漫风格的连衣裙。

TEDDY GIRL 叛逆少女 叛逆少女（和少年）是20世纪50年代英国出现的一种风格。第二次世界大战之后的几年里几乎没有什么漂亮衣服，因此叛逆少女穿着的服装灵感来自于20世纪初令人向往的爱德华时代。这种风格的着装包括小草帽、天鹅绒领外套和修身长裤。

THE BIG FOUR 四大时尚之城 展示设计师时装系列的四个最重要城市：纽约、伦敦、米兰和巴黎。每年，设计师都会在其中一个城市举办两次时装秀，时装秀有固定的顺序，总是从纽约开始，在巴黎收官。

THRIFT SHOP 二手服装店 出售二手衣服的商店。在英国，通常这些衣服都是捐赠给商店的，一部分收入会捐给慈善机构。

TIE 领带 一条戴在衬衫领子下面的织物（传统领

带用丝绸制成），在前面用特殊的方法打结。领带的一部分垂在衬衫前面，成为整体着装的一部分。主要是男性佩戴，但从19世纪末开始，女性也开始佩戴领带。

TOP HAT 高顶大礼帽 一种男士帽子，帽体高，帽顶平，带有小帽檐。出席正式场合时佩戴，通常为黑色，上面包了一层精致舒适的丝绸。

TOTE 托特包 内部空间宽敞的手提包，有足够的空间装东西。托特包通常有两个手柄，从顶部打开，用单手拎。

TRAIN 裙裾 连衣裙后面拖在地面上的长长的部分。从中世纪开始，裙裾就一直是女性时尚的一个特征，不过现在只有结婚礼服或红毯礼服才有裙裾了。

TRAINERS 运动鞋 跑步或体育训练时穿的鞋。运动鞋被设计成在运动时能够支撑足部的样子。20世纪80年代首次进入时尚领域，当时的嘻哈明星等开始日常穿着运动鞋，不只在运动时才穿。

TRICORN 三角帽 侧面和后面的帽檐翘起，形成三角形的帽子。三角帽

最初是士兵戴的帽子，在18世纪成为一种时尚。在雨天，三角帽非常实用，因为这种形状的帽檐会接住雨水，使水从帽子后面流走。

TROUSERS 长裤 从腰部开始，到脚踝结束，遮盖身体下半部的外面服装，分成两叉，每叉包住一条腿。穿着时，两条腿各穿进一条裤筒里。裤子的历史已经有几个世纪了，裤子以前主要是男装，但20世纪初女装也开始有裤子。

TUNIC 束腰外衣 一种形似长上衣的宽松的衣服。有袖或无袖，通常穿在衬衫、裤子或紧身裤外面。从古代到中世纪，它一直是男女衣柜中必不可少的单品。

TURBAN 包头巾 一种头饰。用一块长布包住头部，传统上是中东和南亚等地区一些男性佩戴的头饰。从19世纪开始，女性戴的头巾帽（已经做好造型，不需要自己裹）反复流行过多次。

TWO-TONE 双色 两种不同颜色的组合，特别用于配饰。例如大部分是黑色，鞋头为白色的双鞋色。

裤子

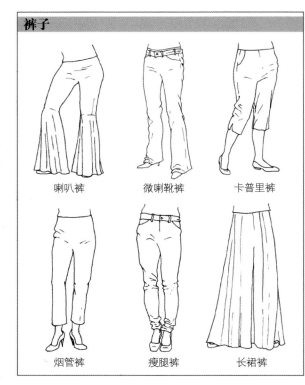

喇叭裤　　微喇靴裤　　卡普里裤

烟管裤　　瘦腿裤　　长裙裤

U

UNDERSOLE 鞋底 鞋子的底面部分（与地面接触的部分），也可指与足底接触的部分。

V

VEIL 头纱 一种轻薄透气的半透明织物。可以盖住一部分头发，也可以遮住脸部。头纱主要是女性戴的。在基督教堂举办婚礼时，传统上新娘要戴白色头纱。

VELVET 天鹅绒 一种非常奢华的丝织物。表面质地厚实柔软，摸起来像毛皮。它曾经非常昂贵，但现在由尼龙和聚酯纤维制成的合成天鹅绒则便宜得多。

VELVETEEN 平绒 一种用棉纤维制成的仿天鹅绒制品。有的经过丝光处理，布面光亮。它最初作为替代天鹅绒的更便宜的版本在18世纪末出现。

VICTORICAN GOTHIC 维多利亚哥特风 一种夸张的着装风格。衣服大部分为黑色，用天鹅绒、蕾丝

和皮革制成。造型包括紧身胸衣（女式）、黑色的头发和苍白的皮肤。灵感来源于英国描写维多利亚时代（19世纪中后期）的小说，小说的主题混合了浪漫和恐怖风格。

VICTORY ROLL 胜利卷
第二次世界大战时期女性的一种发型。将前面和两侧的头发梳到面前，在前额上方卷成一团，这有助于防止女性在工厂工作时头发被机器缠住。

VINTAGE 古着 过去的服装和配饰。如20世纪50年代的连衣裙和20世纪80年代的鞋子。一些设计师的古着产品，如香奈儿手袋，由于其历史价值，可能比新品更贵。

VISITING DRESS 见客服 正式场合穿着的长连衣裙，通常为高领和长袖。18～19世纪的女性外出拜访朋友、去熟人家做客时穿着这种衣服。

WAISTCOAT 马甲 在16世纪，马甲是一种长度到腰部的外套，需要穿在另一件较长的外套里面。最终，马甲演变为无袖设计。传统上，马甲是男士

正装的一部分，但女性也可以穿着。

WAISTLINE 腰线 腰的位置。在服装上，腰线可以设计在人体腰身的上方、腰部最细位置或下方。时装设计师将衣服的腰线位置上下调整，可以产生不同的视觉效果。

WALKING DRESS 散步服装 17～18世纪富有的女性在城市公园和商店街散步时所穿的衣服。因为她们大部分时间都在室内，所以散步服装便成为她们在公共场合展示时尚的机会。

WEDGE 坡跟 女鞋上涵盖整个鞋底的三角形高跟。20世纪30年代，意大利鞋履设计师萨尔瓦托雷·费拉加莫用软木等轻质材料制出了现代最早的坡跟鞋。

WESTERN STYLE 西部风格 美国西部牛仔的

着装风格。包括蓝色牛仔裤、厚实的皮带、牛仔靴和牛仔帽。这种装扮在20世纪50年代流行一时，20世纪90年代再次流行。

WHALEBONE 鲸骨 鲸骨并非真正意义上的骨骼，而是鲸口腔里长而硬的条状物（称为须板）。因为须板柔韧坚固，因此至少从17世纪开始，它们便被用于制作时装，支撑加固束腰衣和衣领。

WINKLE PICKERS 尖头皮鞋 鞋头长而尖的皮鞋或皮靴。20世纪50年代英国摇滚歌迷常穿这种鞋，后来它成为主流时尚的一部分，特别在女性中间流行。其英文名称"winkle pickers"来源于一种用于将螺肉从壳中挑出来吃的尖锐的工具。

WRAPPER 裹袍 19世纪富有的女性早晨在家所穿的衣服。其风格与正式的晨袍相似，前面有纽扣可以系上，通常有漂亮的装饰。

设计师和品牌
名录

历史上所有有影响力的时装设计师和品牌的名单可以写满一整本书，但在这里我们只能列出一小部分名字，他们影响了我们穿衣服的方式。

安娜·苏

受摇滚乐和艺术史的启发，活跃在纽约的安娜·苏自创办自己的公司以来，一直在时尚界极具影响力。在她的公司创立之初的艰难时期，她用服装作为报酬支付给模特。安娜·苏以多彩的印花和充满趣味的设计而闻名。

艾尔丹姆·莫拉里奥格鲁

他曾为薇薇恩·韦斯特伍德和黛安·冯芙丝汀宝工作。2005年，他在伦敦建立了自己的设计工作室。从那之后，艾尔丹姆·莫拉里奥格鲁赢得了几项著名的时尚大奖，他梦幻般的蕾丝和薄纱连衣裙在世界各地的主流商店都能买到。

川久保玲

1981年，日本设计师川久保玲将她的品牌带到巴黎，引起轰动。与日本设计师山本耀司一样，当其他人都在做色彩绚丽的定制服饰时，川久保玲则设计了实验性的全黑色简约系列服装。她现在拥有一个时尚帝国，并仍在挑战关于美和时尚的主流观念。

黛安·冯芙丝汀宝

黛安·冯芙丝汀宝最著名的时装作品是一种用弹性针织面料做成的及膝裹身裙，这种连衣裙已经成为20世纪70年代以来纽约的一部分。许多知名女性都穿过她的连衣裙，包括米歇尔·奥巴马、剑桥公爵夫人、麦当娜和詹妮弗·洛佩兹。

德赖斯·范诺顿

德赖斯·范诺顿的祖父是一个裁缝，他的父亲销售男装，因此，他进入时尚领域一点都不奇怪。1986年，他在自己的家乡——比利时安特卫普创立了自己的品牌，用精美的面料制作层次丰富的服装，受到全世界的追捧。他因从未做过广告而出名。

杜嘉班纳

自1985年，意大利人杜奥·多梅尼科·多尔切和斯特凡诺·嘉班纳在米兰展出他们的系列作品之后，一些名人和超模就被他们的设计吸引，为他们富有女性韵味的美丽服装而着迷。这对伙伴曾说过，他们的灵感来自于意大利西西里岛（多梅尼科·多尔切出生的地方）。他们的设计常常结合了女性内衣细节与繁复奢华的图案。

范思哲

詹尼·范思哲于1978年创立了该品牌。现在该品牌由他的妹妹多纳泰拉经营，是时尚界最具魅力的品牌之一。它将古希腊和古罗马的古典风格与摇滚风格相融合，创作出梦幻般的服装，更适合名人和超模，而不适合日常穿着。

芬迪

1918年，芬迪由卡拉·芬迪的母亲在罗马创立，之后这家意大利公司由她和4个姐妹经营。自1965年卡尔·拉格斐担任首席设计师后，芬迪在20世纪90年代成为时尚巨头。1997年，卡尔帮助芬迪推出了时尚界第一款流行手袋"法棍包"（Baguette）。芬迪的毛皮和皮革制品最为著名。

古驰

意大利的古驰是20世纪50~60年代最受欢迎的手包和配饰品牌之一，奥黛丽·赫本等电影明星和美国前总统约翰·肯尼迪的妻子杰奎琳·肯尼迪等社会名流都曾使用该品牌的产品。古驰因手包成为意大利最畅销的奢侈品品牌。

华伦天奴

华伦天奴是最具魅力的意大利时装公司，其专长是设计华丽的晚礼服，尤其是红色的连衣裙。1959年，在父亲的帮助下，华伦天奴·格拉瓦尼在意大利罗马创立了该品牌，为公主、电影明星和富家女设计礼服。尽管华伦天奴于2007年退休了，但他的名字仍然与新一代的设计天才同在。

纪梵希

赫伯特·德·纪梵希最著名的经历可能是在20世纪50～60年代成为奥黛丽·赫本最喜爱的设计师。他创造了一种简洁的现代风格，既不过于冒险，又总是看起来光鲜、高雅，充满女性魅力。1952年，他在法国巴黎创立了自己的品牌，经过几十年的成功发展，他于1995年退休。之后，约翰·加利亚诺、亚历山大·麦奎因和里卡多·堤西等人陆续担任过纪梵希品牌的设计师。

卡尔·拉格斐

卡尔·拉格斐是过去50年中无可争议的时尚之王。他出生于德国，在1955年获得了他的第一份时尚工作——担任皮埃尔·巴尔曼的助理。他执掌蔻依品牌近20年，1983年成为香奈儿的品牌设计总监。尽管所有人都不相信他能重振老品牌，但是，他做到了，并使其成为历史上最成功的品牌之一。他还为芬迪和自有品牌设计服装，并抽时间导演电视广告和拍摄香奈儿时尚目录。

卡尔文·克莱恩

简称"CK",这个美国品牌掀起了品牌T恤的潮流。早在1974年，纽约时装周秀场上工作人员穿的印有CK标志的T恤就是买手们想要囤货的单品。20世纪70年代，CK成为第一个在牛仔裤口袋上印上设计师标志的高级时尚品牌。该品牌还推出了第一款带有设计师标志的内衣。

克里斯蒂安·迪奥

迪奥是时尚界最著名的品牌之一，由法国人迪奥于1946年创立，迪奥也成为20世纪50年代最具影响力的设计师之一。他设计了合身的上衣、收腰和芭蕾舞裙风格的伞裙，引领了之后近10年的潮流。20世纪90年代，约翰·加利亚诺担任首席设计师后，品牌再度流行起来。

克里斯蒂安·拉克鲁瓦

1987年，法国人拉克鲁瓦推出了自己的品牌，他设计的服装高贵奢华，使所有对时尚感兴趣的人为之神往。拉克鲁瓦既设计时装，也设计成衣，取得了巨大的成功。他于2007年解散了公司，自那以后，他开始从事自由职业，为剧院设计戏服，或者为其他设计公司创作作品。

克里斯提·鲁布托

以夺目的红色鞋底作为标志的高跟鞋设计师，他创作了一系列在红毯上引人注目的细高跟鞋。然而成功之前的道路却很坎坷，他12岁辍学，回到巴黎之前曾在埃及和印度生活。鲁布托曾为许多大品牌设计过鞋子，1991年创立了自己的公司。

克里斯托弗·凯恩

出生于苏格兰的克里斯托弗·凯恩和塔米·凯恩兄妹是这个品牌的缔造者。2006年，该品牌推出了第一个系列作品——用尼龙面料制成的绷带裙。后来的系列作品在设计上越来越复杂，但仍然保持着新鲜和巧妙，深受消费者喜爱。

克里斯托瓦尔·巴伦西

亚加

出生在西班牙的克里斯托瓦尔·巴伦西亚加1937年开始在巴黎销售他雕塑般的服装设计作品，并迅速成为时尚界最富创意的设计师。他创立的"巴黎世家"品牌一直延续着好声誉，在创始人去世之后，也有许多设计师接棒挑战。现在，巴黎世家的手包最为有名。

蔻依

这家法国品牌是加比·阿吉翁于1952年在巴黎创立的，他曾想制作奢华的高档成衣。那一时期，除了少数人才能负担得起的高级时装，便是廉价的仿制品，中间断档。蔻依便以柔软舒适、尽显女性柔美的服装而闻名。

拉夫·劳伦

拉夫·劳伦是一个出生于纽约底层社区的犹太孩子。他决定通过时尚实现人们对上层富有生活方式的幻想，并于1971年创立了自己的品牌。次年，他推出了现在仍风靡的POLO衫，衣服左胸上绣有马球运动员的标志。

浪凡

法国人珍妮·浪凡在

1889年开始了自己的制帽事业。在生了女儿玛格丽特，成为母亲之后，她决定开始制作童装。随着女儿长大，浪凡又开始设计女装，成为20世纪20~30年代最受欢迎的设计师之一。她的服装总是用珠饰、刺绣和镶边装饰得非常漂亮，这一传统延续至今。

勒内·拉克斯特

1926~1927年，勒内·拉克斯特是世界头号网球选手，同时，他对服装也有浓厚的兴趣，尤其是在球场上可以穿的衣服。他创办了一家时装公司，用自己的标志——一条鳄鱼，作为品牌的标志。20世纪80年代，"鳄鱼"从运动品牌转为时尚品牌，当时该品牌著名的POLO衫是"学院风"的组成元素之一。

路易·威登

1854年，一位名叫路易·威登的法国年轻人在巴黎创立了一家生产定制行李箱的公司。到1896年，他开始生产印满自己姓名首字母"LV"的包和手提箱。120年后，他的名字成了世界上最著名的时尚品牌（也是冒牌货最多的品牌）之一。

马克·雅可布

他曾供职于美国运动服装品牌佩里·埃利斯，之后被解雇，这是他第一份重要的事业。从1994年开始，雅可布凭借他的两个品牌"马克·雅可布"和"马克·雅可布之马克"成为美国时尚界影响力最大的潮流引领者之一。他的诀窍是制作女性真正想穿的高档服装，而这正符合当时的时尚潮流。马克·雅可布在1997~2013年担任法国品牌路易·威登艺术总监，使这一品牌重新获得生机。

马诺洛·伯拉尼克

为明星制鞋的鞋履设计师。住在伦敦的马诺洛以做工精湛的经典高跟鞋而闻名。他从20世纪70年代开始设计鞋子，但直到20世纪90年代，他的细高跟鞋才成为受到富人和名人追捧的必备款式，从戴安娜王妃到麦当娜和凯特·莫斯，都穿他设计的鞋子。他成功的其中一个原因是，他设计每一款新鞋时，都是先手工制作，在木头上雕刻，直到比例完美。

迈克尔·科尔斯

为迈克尔·科尔斯走秀的模特总是看起来像是正要去度假，有的像是站在游艇上，有的像是在滑雪场的坡道上，还有的像是要去热带岛屿。这一美国品牌将休闲运动装的理念与女性化的奢华风格融合在一起，将中性的基本元素与鲜艳的色彩结合在一起。自1981年迈克尔·科尔斯带着作品在纽约首次亮相以来，他一直致力于打造自己的品牌，并以设计经典的美式运动装而著称。

米索尼

米索尼的服饰在时尚界有很高的辨识度。自1953年以来，这个意大利品牌的标志性元素就是编织精致、带有条纹和锯齿纹样的面料和配饰，用来制作连衣裙、外套、上衣、裤子、比基尼，甚至是鞋和包。虽然斗转星移，这个家族企业已经发生了变化，例如涉足了家居用品和酒店设计，但他们对几何图形的热爱一如既往。

普拉达

普拉达品牌创始于1913年，当时专为意大利的萨沃伊王室制作行李箱。普拉达的包始终做工精美、价格昂贵。而现在，在首席设计师穆恰（她的祖父创立了该品牌）的引领下，普拉达生产的时尚产品种类非常丰富。

乔治·阿玛尼

20世纪80年代，意大利设计师乔治·阿玛尼在为电影明星理查·基尔设计服装后成了家喻户晓的设计师。他的主要设计是米色、灰色和鸽子蓝等颜色高雅的休闲西装，剪裁修身休闲，从不会过于紧身。

让·保罗·高缇耶

法国设计师让·保罗·高缇耶以融合世界各地的文化、借鉴流行文化、跨越性别界限而闻名。他于20世纪80年代在巴黎创立了自己的品牌。他的设计大胆而引人注目。他曾为若干部电影设计服装，还为麦当娜和凯莉·米洛设计过演出服。

赛琳

法国品牌赛琳的诞生可以追溯到1945年，当时它是一家儿童鞋店。到1969年，它已经发展为一个生产优雅运动服的品牌，简约、精良的做工延续了下来。2008年，菲比·菲洛成为创意总监，使赛琳在时尚界有了难以置信的影响力，尤其在鞋子和手包产品上。

斯特拉·麦卡特尼

尽管有身为披头士乐队贝斯手保罗·麦卡特尼女儿的天生优势，但斯特拉·麦卡特尼通过自己的努力成为21世纪崭露头角的顶尖设计师之一。她制作的舒适的定制时装走在时尚的最前沿，这也正是她自己热爱的穿着风格。

索尼亚·里基尔

自20世纪60年代以来，她一直被誉为巴黎的针织女王。她将可爱的条纹单品与大面积的黑色相结合，充满个人风格的法式时髦，非常受欢迎。她的标志性造型是一件贴身的条纹针织衫搭配一条迷你溜冰短裙。

唐娜·凯伦

20世纪80年代，美国设计师唐娜·凯伦为职业女性设计了一种全新的着装——可以轻松搭配的弹性针织单品。连体紧身衣和不透明连裤袜是她打造简约系列的基本元素。

托马斯·博柏利

1856年，英国人托马斯·博柏利开始制作能在户外运动时穿着的防水夹克。那时候，他还不能想象有一天他的品牌会成为一个高级时尚品牌，产品种类非常全面，包括从宝宝风衣到女士晚礼服在内的各式服饰。

王薇薇

出生在纽约的王薇薇曾是一名花样滑冰运动员，而后改行，进入时尚行业。她在《时尚》杂志工作了十几年，然后开始自己设计服装。1989年，她成立了以自己名字为品牌的婚纱工作室。该品牌为社会名流制作婚纱，成为最知名的婚纱品牌之一。她还为滑冰冠军和拉拉队长设计服装。

薇薇恩·韦斯特伍德

薇薇恩·韦斯特伍德热衷于将历史上流行的风格进行改造。自20世纪70年代以来，她曾促成了英国几次时尚风格的形成，其中包括朋克时尚、束腰衣外穿、克里诺林迷你裙和巨型防水台细高跟鞋。

维多利亚·贝克汉姆

这位英国设计师最初以"时髦辣妹"而闻名，是流行组合"辣妹"的成员之一，后来成为足球运动员大卫·贝克汉姆的妻子。2007年，她推出自己的牛仔系列，随后在纽约时装周上又推出一个成熟的时装系列。她的品牌以合身的女装和绚丽的面料而闻名。

香奈儿

香奈儿品牌是法国女性加布里埃尔·可可·香奈儿在20世纪20年代创立的。香奈儿为女性带来了一种全新的更为舒适的着装风格。她还开创了品牌化的理念，将香水加入了自己的时尚产品线，并采用了现在有名的"双C"图案作为品牌的标志。1983年，卡尔·拉格斐成为香奈儿的设计师之后，他开始大量重复性使用"双C"标志，并使香奈儿成为全球最受欢迎的品牌之一。

亚历山大·麦奎因

出生于伦敦的亚历山大·麦奎因设计的服装夸张、浪漫又奢华，始终带着暗黑元素——他的标志性图案是骷髅。这位年轻的设计师于2010年去世，但他的精神由萨拉·伯顿继承下来。萨拉·伯顿多年来一直与麦奎因紧密合作，在麦奎因去世后，他成为首席设计师。他最出名的设计是在2011年英国威廉王子婚礼时，为凯特·米德尔顿王妃（剑桥公爵夫人）设计的婚纱。

亚历山大·王（王大仁）

亚历山大·王是时尚圈最年轻的成功案例之一，他不仅在22岁时就拥有了自己的品牌，而且几年后还应邀去巴黎担任巴黎世家的首席设计师。他设计的服装线条流畅，充满运动风，永远带着前卫、街头感的锋芒。

伊夫·圣罗兰

过去50多年里时装界最伟大的名字之一。品牌创始人伊夫·圣罗兰在20世纪60～70年代作为第一位推出成衣系列的设计师而声名鹊起。换言之，你可以在商店货架上直接买下一套固定尺码的衣服，而不用花费大量时间请裁缝量身定制（高级时装定制的方式）。圣罗兰对时尚最伟大的贡献在于他将男士无尾晚礼服改造成女装，并设计出了狩猎风格女装。

索引

致谢

The publisher would like to thank the following for their kind permission to reproduce their photographs:

(Key: a-above; b-below/bottom; c-centre; f-far; l-left; r-right; t-top)

1 Dorling Kindersley: Judith Miller / Cristobal. **6 Getty Images:** Charles Norfleet / FilmMagic (l/dark blue outfit); Kristy Sparow / WireImage (l/dress & light-blue cardigan); Kirstin Sinclair / FilmMagic (r). **7 Alamy Images:** Paule Saviano / Lebrecht Music & Arts (l/hat, scarf, skirt, bag & shoes). **Corbis:** Fairchild Photo Service / Condé Nast (c). **Getty Images:** PYMCA / Universal Images Group (r/trousers & bag). **8 Getty Images:** Jon Kopaloff / FilmMagic (l); Mercedes-Benz / Frazer Harrison (fcl); Caroline McC⊠⊠ie (r). **9 Getty Images:** Neil P. Mockford / FilmMagic; Daniel Zuchnik (c). **10 Dorling Kindersley:** Ermine Street Guard (br). **12 Corbis:** Bettmann (bc). **Dorling Kindersley:** Ashmolean Museum, Oxford (ca). **Getty Images:** DEA / S. Vannini / De Agostini (r). **13 Alamy Images:** Peter Barritt (tc). **Corbis:** Kevin Schafer (cla). **Dorling Kindersley:** Judith Miller / Ancient Art (cb). **Getty Images:** G. Dagli Orti / De Agostini Picture Library (r). **14 Corbis:** The Gallery Collection (cr); Musée Condée, Chantilly, France. Ann Ronan Picture Library / Heritage Images (cl). **Getty Images:** Museum of London / The Bridgeman Art Library (bc). **15 Getty Images:** Charles Norfleet / FilmMagic (l). **17 Alamy Images:** Holbein, Hans the Elder (1460 / 5-1524) / The Art Gallery Collection (c). **The Bridgeman Art Library:** Victoria & Albert Museum, London, UK (r). **18-19 Alamy Images:** Mouse in the House (tc). **Dreamstime.com:** Eyewave (background). **19 Dreamstime.com:** Sofiaworld (br/silkworm); Vladimir Zadvinskii (br/leaf). **20 The Bridgeman Art Library:** Hardwick Hall, Derbyshire, UK / National Trust Photographic Library / P. A. Burton (r); Walker Art Gallery, National Museums Liverpool (bl). **Getty Images:** The Bridgeman Art Library (bc). **21 The Bridgeman Art Library:** Hardwick Hall, Derbyshire, UK / National Trust Photographic Library / P. A. Burton (tr). **Getty Images:** The Bridgeman Art Library (cb). **22 The Bridgeman Art Library:** The Royal Collection © 2014 Her Majesty Queen Elizabeth II (ca). **Dreamstime.com:** Sommersby (ca/frame). **23 The Bridgeman Art Library:** Walters Art Museum, Baltimore, USA (r). **24-25 Museum of London:** (dress). **26 Photograph by John Chase:** Olive Matthews Collection, Chertsey Museum (cr). **V&A Images / Victoria and Albert Museum, London:** (bl). **27 Photograph by John Chase:** Olive Matthews Collection, Chertsey Museum (cla). **Getty Images:** Jason Merritt (r). **V&A Images / Victoria and Albert Museum, London:** (bl). **Getty Images:** Apic / Hulton Archive (r). **31 Alamy Images:** EP Stock (br). **Corbis:** The Gallery Collection (tr). **Dorling Kindersley:** Worthing Museum and Art Gallery (ca). **Getty Images:** David Cooper / Toronto Star (tl). **32 Corbis:** The Print Collector (br). **33 Alamy Images:** The Print Collector (r). **Getty Images:** G. Dagli Orti / De Agostini (tl). **34 Dorling Kindersley:** Judith Miller / Charlotte Sayers FGA (ftl). **35 Getty Images:** Kristy Sparow / WireImage (l/dress & cardigan). **Dreamstime.com:** Sommersby (bc/frame). **37 Dorling Kindersley:** Judith Miller / Charlotte Sayers FGA (ca); Judith Miller / Sylvie Spectrum (c). **43 Getty Images:** Kirstin Sinclair / FilmMagic (l/jacket, hat, trousers & shoes). **44 The Bridgeman Art Library:** Private Collection (r). **47 Alamy Images:** Peter Barritt / Robert Harding World Imagery (br). **49 Alamy Images:** Paule Saviano / Lebrecht Music & Arts (l/hat, scarf, skirt, bag & shoes). **50 V&A Images / Victoria and Albert Museum, London:** (cb). **51 V&A Images / Victoria and Albert Museum, London:** Given by Messrs Harrods Ltd (bc). **52 V&A Images / Victoria and Albert Museum, London:** (tl). **58 Alamy Images:** JT Vintage Agency / Glasshouse Images (tl, tc). **59 Corbis:** Fairchild Photo Service / Condé Nast (outfit). **61 Dorling Kindersley:** Judith Miller / Marie Antiques (tc). **Photo SCALA, Florence:** The Metropolitan Museum of Art / Art Resource. **63 Getty Images:** PYMCA / Universal Images Group (trousers & bag). **64 Dorling Kindersley:** Judith Miller / Wallis and Wallis (ca); Judith Miller / RBR Group at Grays (bc). **65 Smithsonian Institution, Washington, DC, USA:** (r). **68 Dorling Kindersley:** Museum of London (cb); **Getty Images:** Mercedes-Benz / Frazer Harrison (l/dress). **70 Dorling Kindersley:** Museum of London (cl); Judith Miller / Eclectica (c); Judith Miller / Junkyard Jeweler (bc). **71 Dorling Kindersley:** Judith Miller / Wallis and Wallis (bl). **73 Dorling Kindersley:** Judith Miller / Cristobal (tr); Judith Miller / Mod-Girl (cra). **Photo SCALA, Florence:** The Metropolitan Museum of Art (tl, bl). **75 Dorling Kindersley:** Judith Miller / Eclectica (clb). **76 Getty Images:** John Kobal Foundation / Moviepix (cr). **78 Corbis:** Philadelphia Museum of Art (r). **Dorling Kindersley:** Judith Miller / Roxanne Stuart (tc); Judith Miller / Cristobal (bc). **Photo SCALA, Florence:** The Metropolitan Museum of Art / Art Resource (l). **79 Dorling Kindersley:** Judith Miller / Richard Gibbon (tl). **81 Dorling Kindersley:** Judith Miller / The Design Gallery. **84 Getty Images:** Eggit / Fox Photos / Hulton Archive (r). **The Library of Congress, Washington DC:** LC-USW36-434 (cl). **86 Dorling Kindersley:** Judith Miller / The Design Gallery (br). **87 Getty Images:** Felix Man / Picture Post (r). **88 Getty Images:** Keystone-France / Gamma-Keystone (cr). **89 Getty Images:** Caroline McCredie (l/cardigan, skirt & shoes). **90 Corbis:** Condé Nast Archive / John Rawlings (l). **Dorling Kindersley:** Judith Miller / Cristobal (tr); Judith Miller / William Wain at Antiquarius (c); Judith Miller / Wallis and Wallis (cr, br). **91 V&A Images / Victoria and Albert Museum, London:** (l). **92 Dorling Kindersley:** Judith Miller / William Wain at Antiquarius (cra). **Getty Images:** Mondadori (bl). **92-93 Corbis:** Bettmann (b). **93 Dorling Kindersley:** Judith Miller / William Wain at Antiquarius (tc). **Rex Features:** Ken McKay (tr). **94 Dorling Kindersley:** Judith Miller / Cloud Cuckoo Land (tl/dresses); Judith Miller / Sparkle Moore at The Girl Can't Help It (br/sunglasses & shoe); Judith Miller / Cristobal (bc). **95 Dorling Kindersley:** Judith Miller / Cloud Cuckoo Land (clb); Judith Miller / Wallis and Wallis (bl); Judith Miller / Richard Gibbon (tc). **97 Getty Images:** RDA / Hulton Archive. **98-99 Dreamstime.com:** Raja Rc (background). **98 Dreamstime.com:** Denis Babenko (bl); Travisowenby (tr/leather tag). **National Air and Space Museum, Smithsonian Institution:** (tr/Amelia Earhart). **99 Dreamstime.com:** Supertrooper (br). **100 Corbis:** William Gottlieb (r); John Springer Collection (cla). **102 Dorling Kindersley:** Judith Miller / Sparkle Moore at The Girl Can't Help It (tl/sunglasses); Judith Miller / Wallis and Wallis (cl); Judith Miller / Cloud Cuckoo Land (bl/skirts). **Getty Images:** Popperfoto (r). **103 Getty Images:** Popperfoto (tr). **TopFoto.co.uk:** Ken Russel (bl). **104 Getty Images:** Popperfoto (r, bl). **105 Dorling Kindersley:** Judith Miller / Barbara Blau (tr); Judith Miller / Mary Ann's Collectibles (cla); Judith Miller / Wallis and Wallis (crb); Judith Miller / Steinberg and Tolkien (br). **V&A Images / Victoria and Albert Museum, London:** (tc); (bl). **106 Dorling Kindersley:** Judith Miller / Wallis and Wallis (tl); Judith Miller / Linda Bee (cl/black & red necklace); Judith Miller / Freeman's (bc); Judith Miller (fcl). **V&A Images / Victoria and Albert Museum, London:** (br). **107 Corbis:** Condé Nast Archive / Marc Hispard (r). **108 Dorling Kindersley:** Judith Miller / Wallis and Wallis (tc). **109 Corbis:** Steve Schapiro (r). **Dorling Kindersley:** Judith Miller / Wallis and Wallis (bl). **110 Corbis:** Condé Nast Archive (tl). **Dorling Kindersley:** Judith Miller / Linda Bee (tc). **Getty Images:** Manchester Daily Express / SSPL / Hulton Archive (cr). **111 Getty Images:** Daniel Zuchnik (l/top, trousers & bag). **112 Dreamstime.com:** Clipart Design (man on horse); Tuja66 (cra/rivets); Flas100 (clb). **113 Dorling Kindersley:** The Science Museum, London (br). **Dreamstime.com:** Rasslava (tr/zip); Tuja66 (tr/buttons). **114 Corbis:** LGI Stock (clb). **Getty Images:** Michael Putland / Hulton Archive (br). **115 Alamy Images:** Mario Mitsis (tl). **Pearson Asset Library:** Pearson Education Asia Ltd / Coleman Yuen (tr/skirt). **116 Alamy Images:** AF archive / Paramount (cr). **Dorling Kindersley:** Judith Miller / Linda Bee (bl); Judith Miller / Wallis and Wallis (tc). **Getty Images:** Aaron Davidson (br); Harry Langdon / Archive Photos (cl). **117 Corbis:** Condé Nast Archive / Denis Piel (r). **Dorling Kindersley:** Judith Miller / Million Dollar Babies (tl); Judith Miller / Linda Bee (ca). **Getty Images:** Carl Juste / Miami Herald / McClatchy-Tribune (cl). **118 Dorling Kindersley:** Judith Miller / Wallis and Wallis (clb, cb, bl, bc); Judith Miller / Fantiques (crb); Judith Miller / Antique Textiles and Lighting (tl, tc); Judith Miller / Linda Bee (br). **119 Alamy Images:** Peter Horree (bc). **Dorling Kindersley:** Judith Miller / Cheffins (tl); Judith Miller / Bonny Yankauer (tc); Judith Miller / Richard Gibbon (tr); Judith Miller / Wallis and Wallis (cl, cr); Judith Miller / Sara Covelli (c). **Getty Images:** Carl Juste / Miami Herald / McClatchy-Tribune (bl); Pool / Benainous / Catarina / Legrand / Gamma-Rapho (br). **120 Corbis:** Mauro Carraro / Sygma (cr); Condé Nast Archive. **121 Getty Images:** Neil P. Mockford / FilmMagic (l/outfit). **122 Alamy Images:** Peter Horree (bc). **Corbis:** Condé Nast Archive (l). **Photo SCALA, Florence:** The Metropolitan Museum of Art (br). **123 Photo SCALA, Florence:** The Metropolitan Museum of Art (cb); The Metropolitan Museum of Art / Art Resource (r). **126 Corbis:** Philippe Wojazer / Reuters (cla, ca, cra, bl, bc, br). **127 Corbis:** Gonzalo Fuentes / Reuters (bc); Philippe Wojazer / Reuters (cla, ca, cra, bl, br). **128 Getty Images:** Fred Duval / FilmMagic (bl); Neil Mockford / FilmMagic (r). **129 Corbis:** Dylan Martinez / Reuters (tr). **134 Getty Images:** Stephen Lovekin (r). **135 Alamy Images:** ZUMA Press, Inc. (tc, tr). **Getty Images:** Fernanda Calfat / CuteCircuit (cr/plain skirt, fcr); Antonio de Moraes Barros Filho / WireImage (bl).

All other images © Dorling Kindersley
For further information see: www.dkimages.com

The publisher would like to also thank the following companies and individuals for their generosity in providing images or allowing photography of their exhibits, private collections and products: Angels the Costumiers & Angels Fancy Dress, www.angels.uk.com; Banbury Museum, www.banburymuseum.org; The Blandford Fashion Museum, www.theblandfordfashionmuseum.co.uk; Central Saint Martins College of Art and Design, www.csm.arts.ac.uk. Reconstruction of Doublet and hose and Cote-hardie on p.16 – Sarah Thursfield The Medieval Tailor, www.sarahthursfield.com; Shoes on p.40 and cover top left and spine – Camilla Elphick www.camillaelphick.com; Jacket on p.49 and cover – Sirens and Starlets www.sirensandstarlets.co.uk; Rockabilly dress on p.101 and cover – Dress 190, http://stores.ebay.co.uk/dress190; Charm Bracelet p.103 – Andrew Moyer, Ken's Collectibles, http://stores.ebay.com/KENS-COLLECTIBLES-OR-ESTATE-JEWELRY; Braclet p.134 – photos by Michael Higgins for Cuff, Inc, www.cuff.io; Fitness trackers p. 134 – Mis fit, www.misfitwearables.com; Sweater p.134 copyright SENSOREE, GER Mood Sweater, design by Kristin Neidlinger sensoree.com; 3D Shoe p.135 – Designed by Janina Alleyne, 3D Modelled by INNER LEAF & 3D Printed by Shapeways; boot p.135 – ANASTASIA RADEVICH, www.anastasiaradevich.com.
Cover: Dorling Kindersley: Judith Miller / Antique Textiles and Lighting; Dorling Kindersley: Judith Miller / Wallis and Wallis; Dorling Kindersley: Judith Miller / Sara Covelli

Dorling Kindersley would like to thank the following people for their help in the preparation of this book:
Margaret McCormack for Indexing, Debra Wolter for Proofreading, Katie John for Illustrations, Rhiannon Carroll for Modeling, Adam Brackenbury for Creative Support

The publisher would like to thank the following people from the London College of Fashion for their involvement in the pages: Camilla Elphick BA (Hons) Cordwainers Footwear: Product Design and Innovation, Barbra Kolasinski MA Fashion Design Technology Womenswear, Flora Robson and Poppy Kenny BA (Hons) Hair and Make-up for Fashion, Lynsey Fox Acting Media Relations Manager, Sue Saunders Course Director BA (Hons) Cordwainers Footwear: Product Design and Innovation, Nigel Luck Course Director of MA Fashion Technology: Womenswear

The author would like to thank her daughter Daisy Nicholls for patiently reading every word of the book, even during homework time.